蛋糕装饰

[美]奥特姆·卡彭特 著

韩素华 陈洪华 李佳琪 译

DANGAO ZHUANGSHI

U0351558

中国纺织出版社

图书在版编目（CIP）数据

蛋糕装饰 /（美）卡彭特著；韩素华，陈洪华，李佳琪译. —北京：中国纺织出版社，2016.6

书名原文：The Complete Photo Guide To Cake Decorating

ISBN 978-7-5180-2374-5

Ⅰ.①蛋…　Ⅱ.①卡…②韩…③陈…④李…　Ⅲ.①蛋糕—糕点加工　Ⅳ.①TS213.2

中国版本图书馆CIP数据核字（2016）第034864号

原文书名：The Complete Photo Guide to Cake Decorating

原作者名：Autumn Carpenter

责任编辑：彭振雪　穆建萍　　　　　责任印制：王艳丽

中国纺织出版社出版发行

地址：北京市朝阳区百子湾东里A407号楼　邮政编码：100124

销售电话：010—67004422　传真：010—87155801

http://www.c-textilep.com

E-mail: faxing@c-textilep.com

中国纺织出版社天猫旗舰店

官方微博http://weibo.com/2119887771

北京华联印刷有限公司印刷　各地新华书店经销

2016年6月第1版第1次印刷

开本：889×1194　1/16　印张：20

字数：202千字　　定价：98.00元

前言

为庆祝某些特别的活动选用蛋糕来点缀已经是一种传统。不论是小型家庭聚会还是盛大宴会，蛋糕都是一个重要组成部分。没有什么能比在宴会上分享你的天才制作更给力了。若是蛋糕装饰初入门者，本书将作为蛋糕装饰的分步教程；若是有经验的或专业蛋糕设计师，本书将变身为深入探寻技术的指导书。

本书主要由4部分组成：蛋糕装饰的基本准备工作，裱花技巧，翻糖与胶糖造型，蛋糕装饰的其他技术。在这4部分中，有很多章节涵盖了多种装饰技术，每种技术都按照详细步骤讲解并配以彩图。为保证能轻易完成每种装饰技术，会根据情况配以提示模块和难点模块。

第1部分是蛋糕装饰的基本准备工作。在掌握装饰细节前，学习或复习基础知识是很重要的。烘焙基础、糖衣的制作技巧、制作多种糖衣、翻糖装饰蛋糕、蛋糕配方速查表是本部分的主要内容。第2部分是传统裱花技术，美式装饰。主要内容为探索各种装饰技巧，用糖衣创建纹理。翻糖和胶糖造型在第3部分。这种可食用的黏性物质成为施展神奇装饰效果的画布。第4部分是进一步提高装饰技艺的各种技术。介绍如何使用先进技术和工具，如喷枪和电切割机等。

蛋糕装饰带给我诸多的欢乐，从跟我母亲一起制作数个蛋糕的记忆，到收获蛋糕食客们所给予的高度评价，再到成为国家厨房甜品艺术的合伙人，我能够通过授课和帮助顾客来分享我的激情。

很显然，蛋糕装饰很快会成为您的兴趣。练习和细心，是成为一名专业蛋糕装饰者的前提。带着兴趣学习，并记得装饰蛋糕没有错或对。经过一段时间的学习，相信您会培养出自己独一无二的风格。蛋糕装饰也是一门艺术，蛋糕就是画布。

奥特姆·卡彭特

译者的话

在接到本书的翻译工作时，译者迟迟没有动笔，而是先翻阅同类书来比较本书和其他书的差异，从而理解作者写作的动机和想法。本书不仅仅是一本技术书，也是作者心血和激情的产物。本书最大的优势是讲解详尽、步骤清晰，没有花哨的名称，而是朴实地讲解一些细节和步骤。译者很同意作者的观点，若想成为专业蛋糕装饰人员所必须具备的素质是——创意，对生活的热爱，对食用者的理解，对蛋糕装饰事业的追求。只要有心，就能成为在蛋糕上跳舞的舞者，用裱花笔绘出七彩旋律。

本书由韩素华翻译，参与本书资料搜集、文字录入的有Lester（加拿大）、韩宛莹、姚红、张丽萍、丁丽红、韩军超、张世兰等。

目　录

蛋糕装饰的基本准备工作

在装饰前，成功烘焙蛋糕并抹平糖衣很重要。本部分主要包括烘焙基础、糖衣的制作技术及技巧。为确保能成功地用翻糖或奶油包覆蛋糕，既有基本介绍，也有一些必要的小提示。另外，本部分还包括蛋糕填充、食物上色、使用色环、蛋糕底盘的包覆和其他基本准备工作。

烘焙和装饰蛋糕的工具

　　下面是装饰前的用具列表。不是所有东西都需要，但所列工具很实用，其会使烘焙、制糖衣和装饰过程更令人享受。

面糊分隔器

　　面糊分隔器可以用于在1个蛋糕烤盘中同时烘焙2种不同口味的蛋糕。将分隔器放在涂抹过润滑油的烤盘中，两边倒入不同的面糊，在烘焙前把分隔器拿开。

蛋糕烤盘

　　在市面上有售各种形状和尺寸的蛋糕烤盘。传统的蛋糕烤盘有圆形、方形和长方形。这些形状不同的烤盘是多功能的，其尺寸不一，可有多种用途。长方形（用于制作单层大蛋糕）和方形烤盘由于有尖角，使得制作出的迷人蛋糕的边缘易碎。有带圆角的长方形和方形烤盘，烤出的蛋糕虽不易有碎屑但看起来不是很专业。

　　单层大蛋糕烤盘的尺寸没有工业标准。一般地，23厘米×33厘米烤盘是单层大蛋糕烤盘的1/4，30.5厘米×46厘米烤盘是单层大蛋糕烤盘的1/2，40.5厘米×61厘米烤盘同单层大蛋糕烤盘等大。制造商的尺寸和描述会有不同。在购买任何大的烤盘前需先量下烤炉内部尺寸。在把烤盘放进烤炉里时，烤盘周围要留有约2.5厘米的距离，这样空气循环才畅通。例如，一个单层大蛋糕烤盘，40.5厘米×61厘米就不适合放进一个同等大小的烤炉。

　　新颖的烤盘有多种主题和流行元素。使用时要

各种刷子

　　手头准备不同宽度和风格的刷子。这些刷子只用于蛋糕装饰，以防感染上其他食物的气味和残渣。蛋糕刷1用来给烤盘抹润滑油，还可以在蛋糕裹糖衣之前将表面多余的面屑刷掉。小的细毛刷2用来刻画蛋糕的细节，在手工造型时也用来刷食用胶。方形边缘的平刷3是将喷粉刷到胶糖花上给其上色的理想工具，也可用于平刷刻画细节。圆头软毛刷4用来清除大面积的粉末。模板刷5通过模板来给蛋糕上色。不同尺寸的刷子可用于清除工作台上多余的玉米粉或从蛋糕上掉落的残渣。

确定每条裂缝都涂抹上润滑油，因为蛋糕容易粘在细节处。

典型的蛋糕烤盘高5厘米，个别烤盘高度还可以是7.5厘米。石墨烤盘是一种新型低碳环保烤盘，其传热快，导热性强，使食物受热均匀，更方便快速；硅胶烤盘是目前生活中较常见的一种烤盘，色彩丰富，可做出各式各样的模具，不粘不糊；铝合金烤盘密度低，强度高，塑性好，易清洗。

塑料烤盘是由一种特殊塑料制成的，可承受190℃的高温，推荐使用温度是160℃。其可用来烤制特别有趣形状的蛋糕，且不贵，还可重复使用。使用前最好将烤盘各处都抹上润滑油且撒上面粉；使用的过程中，下面要垫一个烤板。

直径大于30.5厘米的烤盘需要加一个加热芯。在烤制过程中，在蛋糕的中心加一个加热芯，以保证受热均匀。首先将加热芯润滑并撒上面粉，放在已润滑并撒上面粉的烤盘中心，然后将面糊倒入装了加热芯的烤盘中。烘焙好蛋糕后将加热芯拿走，蛋糕上留下一个洞，取下加热芯上的蛋糕，填补上这个洞。

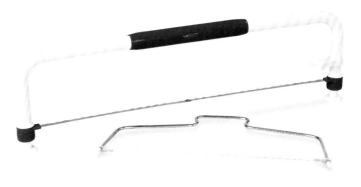

蛋糕切割机

蛋糕切割机可用来将有圆顶的蛋糕切割平整，也可将蛋糕分割。带有校正刃弦的切割机会带给使用者更多方便。

蛋糕测试仪和蛋糕绝缘带

蛋糕测试仪：下图1是长片状不锈钢制成的工具，将其插到蛋糕内部测试蛋糕烤熟与否。蛋糕绝缘带：下图2用来防止烤盘周边过热，引起蛋糕周边不再膨发。绝缘带使蛋糕不会烤焦，减少产生圆顶和周边结块的可能。使用时，绝缘带浸水，挤出多余水分，将其围在烤盘外面，用大头针固定住。

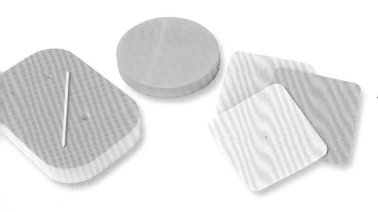

泡沫垫和泡沫板

泡沫垫和泡沫板用来使花成形，并给花和叶子添加纹理。很多双面泡沫垫用不粘的塑料棒给翻糖和胶糖塑形。泡沫板的一面是软的，而另一面是硬的。用软的一面来柔化花瓣边缘，或用来起褶；硬的一面用来擀饼和切割。一些垫有小洞，用来干燥花朵和塑形。

黏土挤压器

黏土挤压器主要用于黏土工艺品的制作，而在蛋糕装饰中，当需要用浓度一致的胶糖或翻糖制作直线形和绳形物时很适合使用。黏土挤压器工具包含各种可换的圆盘，因尺寸、形状不同而挤出不同的条。

冷却架

烘焙过的蛋糕一定要放在冷却架上冷却。冷却架是保证蛋糕均匀冷却的工具。

杯形蛋糕工具

杯形蛋糕烤盘1有多种尺寸，包括标准的、迷你的、巨型的和超大的。蛋糕糊最好一搅拌完就开始烘焙，对于标准的杯形蛋糕最好有两个烤盘。用匙舀面糊可能会使蛋糕大小不一且弄得到处是面糊。用勺2舀面糊就会使每个腔的量一样，也会很干净。用56.7克的勺可填满标准杯形蛋糕，并有圆形的顶部；用42.5克的勺舀面糊做出来的蛋糕会稍微有个圆顶；一餐匙的量正好可作迷你蛋糕；可用糖衣或其他填充物填满杯形器使杯形蛋糕非同凡响。苹果去芯器3用在标准杯形蛋糕中正好。杯形蛋糕去芯器4也很实用。迷你型蛋糕可用小漏斗器5来做。

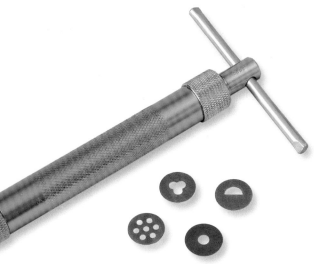

胶糖和翻糖刀具

用于制作蛋糕装饰的刀具有几百种，这些刀具可有效率地切胶糖条，制作花朵，做三维造型及许多各种形状的造型。剪切画刀具用途更广。字母刀具使写在蛋糕上的字更专业。拼花刀具可用于切割拼贴画设计中翻糖和胶糖装饰件，或者在蛋糕表面制作浮雕。活塞压花刀具可用于胶糖的浮雕细节。胶糖和翻糖刀具的材料从锡、不锈钢到塑料。很多刀具的工作原理是一样的。清洗这些刀具要仔细，因为锡容易上锈。锡制和不锈钢制的刀具在使用时要快速切割，以使胶糖边缘整齐。塑料制的刀具可能不会像金属制的那样锋利，但切割起来一样很好用，是昂贵的不锈钢制刀具很好的替代品。

切割工具

塑料板是切割小块翻糖或胶糖时最好的既光滑又平坦的表面。玻璃纸是盖在擀好的胶糖或翻糖上以防其变干的干净薄片。

迷你披萨刀具是一种手工工具，用在蛋糕包覆后修剪多余的翻糖。切胶糖或翻糖条和装饰件时也是非常不错的。为保证切的条比较直，可以使用一把不锈钢尺子。薄的柔韧不锈钢刀片能切得很精细，而不会破坏翻糖或胶糖。小剪刀用来剪除翻糖或胶糖小的、精细的东西。削皮刀在蛋糕造型中用途也很广。抹刀是有个大平刀片加把手的工具，能轻易切开大块翻糖或胶糖。抹刀也用于手动清理。持抹刀呈45°角刮工作台，去除翻糖或胶糖碎屑。

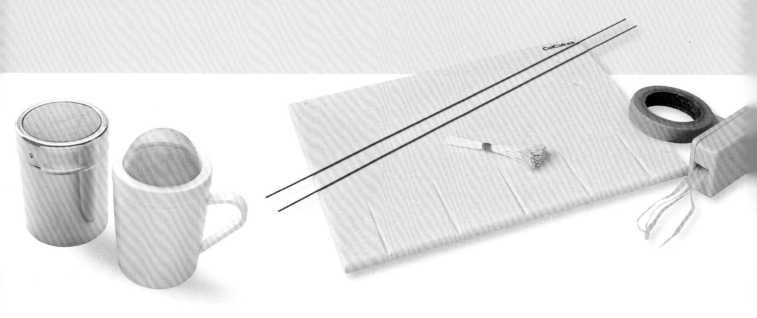

面粉筛和喷洒袋

翻糖前，在准备工作台上，用面粉筛向工作台筛玉米面、砂糖或二者混合物。要选细孔筛，才能保证工作台不会留下太多粉末，太多的玉米粉或砂糖会使翻糖发干。喷洒袋（里面装玉米面、砂糖或二者混合物）手动向工作台撒粉末。喷洒袋能喷洒出理想的粉末量。

花朵成形器

为使花朵和装饰物成形，必须使用花朵成形器。将平切的花朵放在花朵成形器中，轻压使其成形，放置直至变干。

制作花的工具

在制作胶糖植物时需要各种粗细的金属丝，金属丝有白色的和绿色的。小的精致的花朵搭配细金属丝看起来效果较好。其他花需要的金属丝要硬一些，粗一些。金属丝规格号越小就越硬。规格号18的金属丝适合很多花，如雏菊和玫瑰；规格号22的金属丝适合小一点的花，如茉莉。捆扎金属丝以形成花束时用植物胶带，若花是白色的就用白色金属丝和白色植物胶带；当为使效果逼真，花和茎是绿色时，就要用绿色的金属丝和绿色植物胶带。雄蕊可以放在很多种类花的中心，这些雄蕊不可食用。塑料板是一个双面可用的平板，一面光滑，用于切花，另一面有小凹槽，易于将金属丝加至花或叶子上。其他有用的工具包括模具、小剪刀、镊子和擀薄花瓣用的塑料板。

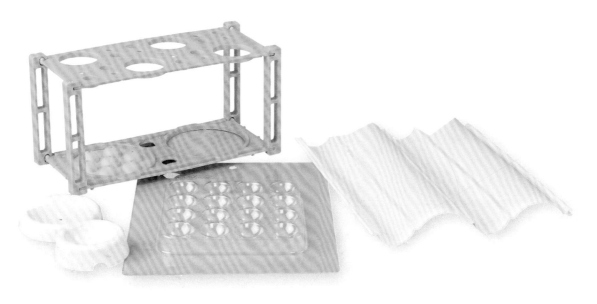

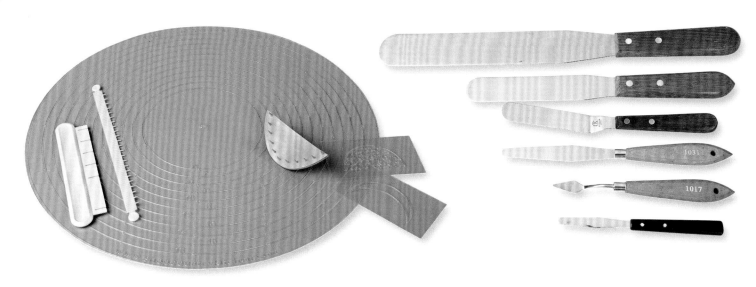

环状标记仪

　　环状标记仪用于标记尺寸均匀的蛋糕褶皱，将褶皱均分很重要。其他工具如智能标记仪，是一种大圆盘形状的工具（可用于正方形蛋糕），也可用于均分褶皱。另外，智能标记仪还可完美地用于分层蛋糕。

翻糖抹平器

　　翻糖抹平器可使翻糖蛋糕最后呈现光滑柔软的外观。用此工具在翻糖上滑动，将纹路抹平，使其呈现平整的效果。用手抹的话会留下肉眼不易见的小凹坑。抹平翻糖一般需两个工具，一个用于使蛋糕稳定，另一个使其光滑。

糖衣抹刀和调色刀

　　糖衣抹刀不同于烹饪抹刀，糖衣抹刀的薄刃长且柔韧，有三棱的、直刃的和锥形的，每种长度的用途不同，长的直刃用于抹糖衣，三棱抹刀用于抹平填充物，小的锥形抹刀用于手工搅拌少量糖衣。调色刀用于提起切割的胶糖件。

巨型蛋糕平铲/抹刀

　　巨型蛋糕平铲是薄刃的抹刀，一般直径达25.5厘米或30.5厘米。抹刀用于将一层蛋糕移到另一层蛋糕上，在抹糖衣和装饰时抬升蛋糕也会用到。

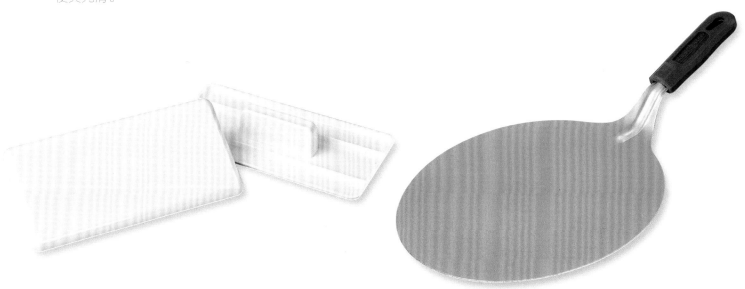

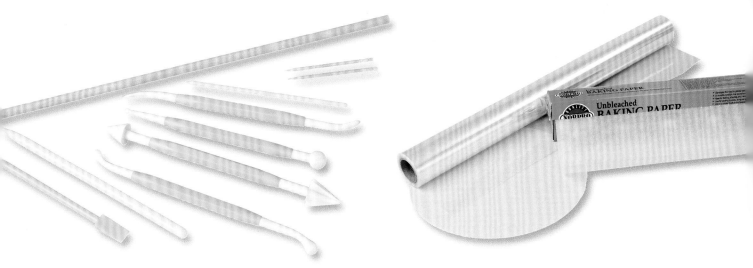

造型工具

一套造型工具不仅对于手工造型来说很有用，对于其他装饰也有用。新手工具要包含各种尺寸的圆球形工具、两端圆锥体工具、叶脉工具和一个狗骨形工具。其他实用工具包括绗缝轮、贝壳工具、划线针或针形工具。塑料棍是一种有很多用途的手工造型工具，这些棍一端圆形，另一端锥形，最后形成一个圆头。塑料棍是起褶和加褶最好的工具，牙签不容易控制。长的木棍用于蝴蝶结成形。

羊皮纸和玻璃纸包装

在烘焙前为避免蛋糕粘锅，将羊皮纸切成蛋糕盘大小并垫在里面。蛋糕盘仍应润滑并撒少量玉米粉。羊皮纸还可以切成三角形来制作一次性裱花袋，更多的信息见P80。卷起来的干净的玻璃纸是裱图案时最好的平面。蕾丝（P147）、糖画（P136）和皇家糖衣装饰（P124）放在其上都很易剥落。确保包装要符合我国食品药品监督管理总局食品包装级别的要求。

模具

用模具是蛋糕装饰最有效的方法。硅胶模柔韧、细节雕刻的好，胶糖很易脱模。精致的蕾丝和带子都可用硅胶模制作。便宜的糖果模可用于蛋糕装饰，几乎涵盖任何主题。其他模具在实体店或网店均有售，不过有可能不是食品级。

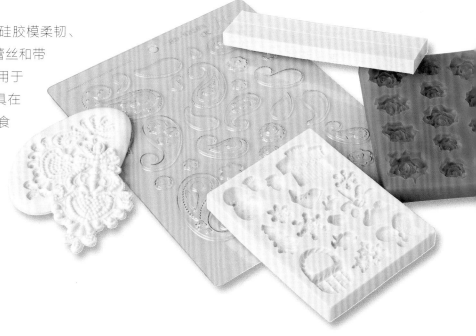

压面机

压面机是一个比较贵的投资，可若用它做很多翻糖和胶糖装饰的话却很值得拥有。立式压面机转动曲柄可压薄已擀过的翻糖，或加附件压混合物。一般地，蛋糕上装饰的花和其他装饰件应压得很薄，如放在"厨房助手混合面糊附件"5#挡位（0.4毫米）；切出的东西若能立住则需要再厚些，如放4#挡位（0.6毫米）。替代压面机的是完美带套装。在两个等厚的完美带中间擀胶糖或翻糖，可得到厚度均匀的胶糖。用此工具不会比压面机压出来的薄，若需要的胶糖无需太薄则用它们很有用。

出的颜色均匀，每种颜色的流量应相同。三角锥形羊皮纸制作的裱花袋轻、经济，是一次性的。需要使用皇家糖衣时，奶油和其他油基的糖衣会使皇家糖衣分解，此时，将其他裱花袋放在一边，而选用专门的皇家糖衣裱花袋。

裱花袋

裱花用的袋子种类繁多，可重复使用的裱花袋很经济，尺寸、重量和材料都不尽相同。购买时要选一款又薄又轻还称手的裱花袋，其不应太硬。裱花袋尺寸各种各样。30.5厘米的袋子是一般应用的标准尺寸。裱花袋越小，就越容易控制，但小的裱花袋不得不经常充糖衣。大的裱花袋虽不用常添加糖衣，却很难控制。一次性袋子清理起来很容易。为了出效果，需要同时裱两种颜色时则需用两种颜色的裱花袋。可用一次性袋子分成两个区域，每个区充一种颜色，将袋子装进等大的、已装上裱花嘴的袋子里。为使流

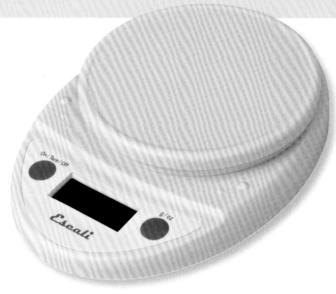

图案压贴

用图案压贴可裱出大小一致、看起来较专业的字母。压印在刚刚包覆翻糖的蛋糕或刚冷凝的奶油蛋糕上，也可在压印出的线条上裱花。一般用得比较多的词有"生日快乐""祝贺"等，有些精致的蔓叶花图案也可压在蛋糕周边或上表面。

擀面棒

用小擀面棒可将冷凝的奶油蛋糕擀光滑。用大的重的擀面棒擀翻糖。用特制图案的擀面棒给翻糖压出图案。木制的擀面棒会呈现木头纹理的细节。硅胶的擀面棒对于面糊和饼干面团是最好用的，但易粘绒毛，所以不用于擀翻糖。

秤

本书所列的成分和介绍是用克数计算的。克比盎司更准确。一些数字秤能很快将盎司转成克，其价格有高有低。

纹理工具

用各种纹理工具可给蛋糕装饰雕刻出图案。擀面棒或纹理垫可加在蛋糕上满幅的图案。刀具能雕出形状和图案来。褶缝机是像小镊子样的工具，在翻糖的蛋糕上印图案。

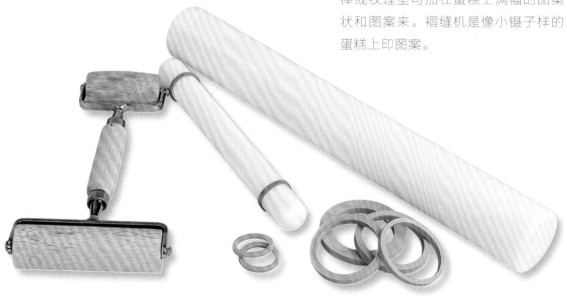

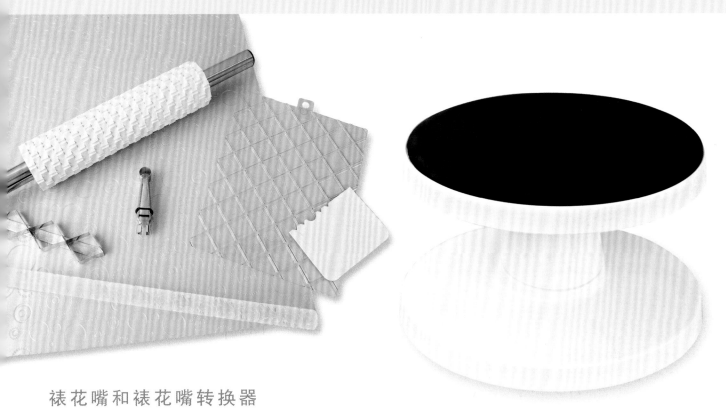

裱花嘴和裱花嘴转换器

　　装饰用裱花嘴可以裱出形状各异、尺寸不同、图案多样的裱花。裱花嘴的应用，详见P84，其讲解了大部分裱花嘴及应用。花形裱花嘴的风格多样，使裱出的花瓣既高效又流畅。圆形口的裱花嘴是标准的基础裱花。清洁裱花嘴，用裱花刷子，圆柱形的刷毛用于清理裱花嘴内部。

　　蛋糕装饰裱花嘴（管子）能被插进每个裱花袋，轻拉裱花嘴，使其固定。若裱花嘴太大，裱花袋就需要切去多余部分，或者也可用裱花嘴转换器。裱花嘴转换器在用一个裱花袋而更换不同裱花嘴时很方便，还能防止糖衣渗透。裱花嘴转换器有两部分：底部和螺纹。

蛋糕旋转台

　　在蛋糕裱糖衣和装饰时，蛋糕旋转台是很好的辅助工具。若蛋糕能旋转，则周边很容易裱糖衣。用装饰梳时，旋转使加图案变得毫不费力。

叶脉模具

　　用叶脉模具给花瓣和叶子增加真实效果。

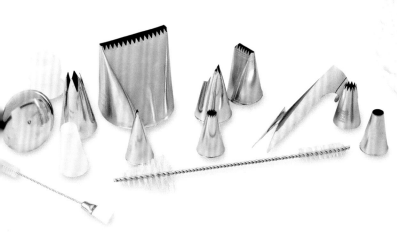

蛋糕的烘焙

有许多关于做蛋糕的食谱书，网上也能查到许多做蛋糕的配方。其中很多带完整的评定等级与烘焙建议，并从最初的和面开始。对于想很快制作一款蛋糕的人，商用蛋糕制作器可以完成所有的混合工作。用商用蛋糕混合器制作的蛋糕在口感、结构和外观上大相径庭。试验不同牌子会发现最好的口味。若蛋糕口味不完美，则显不出手艺来。做蛋糕时可以用调味品来提味，也可以给一个蛋糕加几汤匙冷冻水果来得到美味、多汁的水果蛋糕。

烤盘润滑油

烤盘润滑油或蛋糕润滑油，是一种能买到的润滑油脂，在烤盘底刷薄薄的一层润滑油，能使烘焙好的蛋糕轻易就从烤盘里取出。若烤盘涂抹过润滑油则不用再撒面粉。烤盘也可用固体植物起酥油润滑，再撒一层面粉。

将一片羊皮纸裁成烤盘大小放在底部，这样烘焙好的蛋糕也不会粘锅。但用了羊皮纸还是要用润滑油和面粉。

烘焙建议

1 烤盘刷润滑油或润滑后再撒上面粉，一定注意将有缝隙的地方都刷到润滑油。

2 也可使用绝缘带（材料可从实体店购买，也可以从一些网站上购买），更利于蛋糕受热均匀。用水浸湿绝缘带，挤出多余水分，将其置于烤盘周边，用大头针将绝缘带固定好。

3

3 根据配方混合好蛋糕糊，将糊状物倒入已润滑并撒好面粉的烤盘至2/3。

4 根据配方烘焙。在烘焙时间快到前，用探针插入蛋糕中心，看是否已经烤好。若烤好，探针上只会粘些屑而不会有湿糊。蛋糕边缘应向外撑满并呈现金黄色。将烤好的蛋糕放在冷却架上晾10分钟。

4

5 若烤好的蛋糕表面不平，或者有一个圆顶，则用蛋糕切片机或大的面包刀将顶部削平。如果蛋糕顶部不平，则在翻扣烤盘时蛋糕有开裂的可能。

5

6 当烤盘冷却至可用手接触时，用刀沿烤盘四周划开。

7 冷却架置于烤盘顶部，将它们紧紧地压在一起，然后将蛋糕倒扣到冷却架上。

8 慢慢地将烤盘直上直下从蛋糕上拿开，让蛋糕充分冷却。

移除烤盘

蛋糕烘焙好并从烤箱取下，先冷却10分钟。若蛋糕很热就将其从热烤盘里取出，则有可能裂开或碎掉。也不要使蛋糕留在烤盘内时间太长，时间太长就粘在烤盘上了。摸着烤盘是温的就取蛋糕，而不要太烫或太凉时取。

9

9 若蛋糕还不平，则用蛋糕切片机将顶部切平。

影响蛋糕烘焙的因素

温度不精确

烤箱温度计可用来指示烘焙的正确温度，将一个烤箱温度计放进烤箱，与烤箱设定的温度对比，若数据有出入则调正。

放置在烤箱中的位置

最好将蛋糕置于烤箱中间支架的中心处。若多重蛋糕置于支架中心处，则每个烤盘边缘与烤箱至少有2.5厘米的距离。烤盘与烤盘之间或烤盘与烤箱边都不要接触。如果用对流烤箱，烘焙用时将减少，温度也要比制作方法建议的低一些。对流烤箱内空气循环彻底，故可以同时烘焙几个蛋糕。然而，烤箱内放太多的蛋糕，易造成蛋糕糊受热不均。

搅拌

精确地按搅拌建议进行搅拌。不正确地打发如过度搅拌可能会使面糊太干；搅拌不够可能会有大量的气泡留在烘焙的蛋糕里。搅拌好的蛋糕糊应尽快烘焙，这对于某些类型的蛋糕糊来说尤为重要。加入烘焙苏打和烘焙粉的蛋糕糊搅拌后应立即烘焙，面糊放置时间长了所烘焙的蛋糕易过于致密。

烘焙时间

蛋糕烘焙时间不够，会向中心塌陷、烘焙时间过长，则会又干又硬。烤箱门在烘焙过程中不能打开，否则会使蛋糕收缩。

提示

可以用蛋糕屑和剩下的糖衣做一些美味小块蛋糕：在碗里抓碎蛋糕屑，与剩下的糖衣一起搅拌，直至混合物足够结实可以卷起来，卷成一口大小的棒棒，蘸已融化的巧克力并定型。

蛋糕的分割与填充

蛋糕中可加美味的、湿润的和精美的填充物。选择在两层蛋糕间加入，或者分割开蛋糕加入馅料。分割蛋糕可用蛋糕分割机或用带锯齿的刀。最好用蛋糕分割机，可使蛋糕层分得均匀。

填充前，蛋糕周边用糖衣堆叠起来形成一个"坝"来盛填充物。叠"坝"用的糖衣要与抹蛋糕的糖衣是一样的。若蛋糕用翻糖包覆，则用奶油糖衣叠"坝"。"坝"能防止填充物渗出与蛋糕上面的糖衣溶合。若填充物与蛋糕外面的糖衣是一种，就没必要做"坝"了。"坝"与蛋糕外边缘至少要有0.6厘米距离，这样当上层蛋糕放上，压力会将糖衣压到"坝"上，却不会将其压到蛋糕边上。若放上上层蛋糕后，"坝"被压到四周了，则包覆糖衣后这些"坝"会被看见。

1 将蛋糕放在平面上。调整蛋糕切割机到合适高度，从蛋糕一边插进。

2 保持蛋糕切割机底部与平面水平，前后拉动蛋糕切割机切割蛋糕。在切割过程中，不要抬起切割机的底部。

3 用巨型蛋糕平铲或饼干薄板将上面一层蛋糕移开，放在一边。

4 裱花袋装入奶油糖衣或其他可用的糖衣。用裱花嘴在切割开的蛋糕周边裱一个"坝"，防止填充物渗出。

5 裱花袋里注入蛋糕填充物，涂抹到蛋糕中心部位。

6 抹开填充物。

7 将上层与下层蛋糕对准放好。

蛋糕的填充技巧

十分普通的蛋糕通过填充调味品和馅料会变成很美味的蛋糕。蛋糕填充物只是增加蛋糕的口味而不应喧宾夺主。多数情况下，抹上薄薄的一层就足够了。若填充易腐败的填充料如新鲜果酱，则最好先冷藏，要上桌时再取出以保持新鲜。纸杯蛋糕里也可加入令人惊喜的填充物。

商用糕点填充物

商用糕点填充物是一种美味、快捷又容易添加的填充物。这些填充物包含各种水果口味和奶油口味。添加了这些馅料的大部分蛋糕都不用冷藏。

新鲜水果填充

用奶油和新鲜水果填充的蛋糕会显得更精美。典型的填充是先少量填充如P29的打发糖衣，再加一层新鲜水果。加新鲜水果的蛋糕在上桌前几小时才摆放和装饰，要冷藏保存，在冷藏过程中水果汁有可能渗出，所以水果干爽很重要。水果冲洗干净并切开，将其放在纸巾上吸干水分。

糖衣填充

下面章节所讲到的几种糖衣填充的蛋糕都很美味。打发糖衣、奶油糖衣和糖霜都是不错的填充物。打发糖衣是一种不太甜腻的、令人喜爱的糖衣，用于纸杯蛋糕和各种蛋糕的填充。奶油糖衣给蛋糕加上一种很特别的甜味。糖霜丰富了填充物的品类。这些糖衣也可加入调味品或水果冻来提升品质。例如，一款普通的巧克力蛋糕加咖啡味糖霜，其与巧克力可以变身为摩卡松露味巧克力蛋糕。

软糖填充物配方

- 1.3杯（330克）棉花软糖奶油
- 1.5杯（300克）糖
- 2／3杯（160毫升）脱水牛奶
- 0.25杯（56克）黄油
- 0.25茶匙（1克）盐
- 3杯黑巧克力（半甜）（480克）熔化
- 1茶匙（5毫升）香草精油
- 0.5杯（120毫升）热水

将大的深平底锅用中火加热，棉花软糖奶油、糖、脱水牛奶、黄油和盐混合倒入锅中，不断用力搅拌至全开并再煮5分钟，要不停地搅拌。将锅从火上移下来，放至温热。加熔化的巧克力搅拌至顺滑。加热水和香草精油，搅拌至顺滑。在填充蛋糕前冷却。此时软糖混合物会很柔软。

制成约3杯的量（750毫升）

填充纸杯蛋糕

在填充纸杯蛋糕时，勺子是很有用的工具。在向每个纸杯蛋糕腔舀入等量的填充物时，工作过程很干净。用3茶匙（15毫升）作为标准纸杯蛋糕的量。用1汤匙（5毫升）的量填充迷你纸杯蛋糕正好。用1/3杯（80毫升）填充巨型纸杯蛋糕。

焦糖填充物配方

此款填充物很丰富，带点黄油味的美味填充，用于白蛋糕、焦糖蛋糕或香料蛋糕。

0.5杯（113克）黄油

1杯（230克）袋装红糖

0.25茶匙（1克）盐

6汤匙（90毫升）牛奶

3杯（345克）砂糖

黄油熔化，搅拌进红糖和盐，煮沸两分钟，持续搅拌。从火上移开，加入牛奶，再加热至沸，冷却至温热。加砂糖搅拌，在填充前冷却。

制成约2.5杯的量（625毫升）

烘焙纸杯蛋糕

按以下建议操作，每次制作纸杯蛋糕都会很完美。

1 将烘焙用纸杯摆放进每个烤盘内，根据食谱建议混合好蛋糕糊，用勺子将蛋糕糊填入纸杯。

2 根据食谱建议烘焙。在烘焙时间快到时，将探针插入其中一个纸杯蛋糕的中心检测下是否烘焙好。若已好，则探针上只有些蛋糕屑而不会被沾湿。将蛋糕烤盘放在冷却架上冷却10分钟。

3 当烤盘冷却至可用手触碰，将每个纸杯蛋糕拿出来摆放在冷却架上，在加糖衣前要充分冷却。

纸杯蛋糕的填充

　　在纸杯蛋糕内加美味填充物会给人带来惊喜，并使其与众不同。填充时可用230#裱花嘴或去核器。有专业的去核器，也可以用苹果去核器替代。去核器的直径有大有小，填充时有多款不同直径的供选择很有用处。糖衣、糕点填充物、果酱和糖霜是填充纸杯蛋糕最常用的馅料。糕点填充物和果酱口味会有点重，若填充多了会发黏，只加一点点足矣。少用糕点填充物和果酱，更多地使用糖衣或糖霜。

BISMARK裱花嘴

　　Bismark裱花嘴顶端很尖，可探入纸杯蛋糕内并通过其通道填充馅料，是向迷你纸杯蛋糕中心填充最好用的工具。

1 烘培并冷却纸杯蛋糕，Bismark裱花嘴尖端向下放进裱花袋，裱花袋中加入想要填充的馅料。

2 将裱花嘴尖端插入纸杯蛋糕。

3 轻轻将馅料挤进蛋糕内。

　　对于标准纸杯蛋糕，Bismark裱花嘴也很有用，可以在其上扎3~4个孔，加入一些较浓稠的填充物，如糕点填充物和果酱类。

1

4

苹果去芯器

用苹果去芯器去掉纸杯蛋糕的芯不费吹灰之力。苹果去芯器有两部分，外部是去芯用的，内部是推射器。纸杯蛋糕去芯后要用保鲜膜包裹好，防止变干。

1 烘焙并冷却纸杯蛋糕，将苹果去芯器的外部插入纸杯蛋糕，拧动内部推进器至蛋糕的2/3处。

2 去芯器抬起，从纸杯蛋糕中取出，推进器拧到底，将取出的圆柱状蛋糕推出。

3 用削皮刀切去圆柱蛋糕的顶端。

4 填充物加进装了裱花嘴转换器的裱花袋，向芯孔内挤入馅料，直至将近顶部。

5 将切过的圆柱蛋糕放回馅料上，根据要求冷藏。

2

5

3

保持湿度

纸杯蛋糕在填充和冷藏前要用保鲜膜包好，以保持新鲜。若不包好，则易变干。

纸杯蛋糕活塞是用于巨型纸杯蛋糕（见左图）的取芯或向标准纸杯蛋糕填加大量填充物时很有用的工具。

糖衣的制作技巧

奶油是一种甜甜的、松软的糖衣，一款蛋糕可以用这种糖衣来包覆和装饰。外部的奶油容易冷凝，而内部还保持松软。奶油的黏稠度可以调节。用其制作的花朵要稍浓稠。裱花时少加水会得到黏稠度高的奶油。

奶油糖衣的制作技巧

- 0.5杯（120毫升）高浓度起酥油（见提示）
- 4杯（520克）砂糖，过筛
- 5汤匙（75毫升）水
- 0.5茶匙（2.5毫升）盐
- 1茶匙（5毫升）香草精油
- 0.5茶匙（2.5毫升）杏仁粉
- 0.25茶匙（1.5毫升）黄油

各种材料放进大碗中混合，慢速打发直至完全混合，继续慢速打发10分钟或至奶油状。用保鲜膜把大碗密封好以防止糖衣变干。不用的糖衣放冰箱可保存6周，再使用时低速搅打。

可制作约4杯（1升）

奶油的黏稠度

不同黏稠度的奶油有不同用途。稀一点的奶油可做蛋糕外层糖衣，黏稠一点的用于裱花。加水即可稀释奶油，或少加水使其黏稠些。

巧克力奶油糖衣

简单地加巧克力粉（可可粉）即可制作美味的巧克力奶油糖衣。在上面的配方中加约1杯（110克）巧克力粉（可可粉）使奶油变稠，加少量水使黏稠度适中。

其他口味的糖衣

奶油是最基本的、甜糖衣，可被改成各种口味。可用其他种类的添加物替代杏仁粉。常用的添加物有薄荷、柠檬、朗姆酒、椰子、咖啡。添加物和调味品不是添加后马上就变味道，需要先尝一下。有些调味品有颜色，会影响糖衣的颜色。

奶油的储存

用奶油做糖衣和装饰的蛋糕会冷凝，湿度是影响因素。包覆奶油糖衣和加奶油装饰的蛋糕在室温下能保存3~4天，温度高会使糖衣变软熔化，而存在冰箱里的蛋糕糖衣会冷凝，颜色不新鲜。

如何使奶油最佳

- 对白色奶油，使用无色的味道。加高纯的香草精油会使糖衣变成象牙色。
- 固体蔬菜起酥油可用高纯起酥油替代。高纯度起酥油是黄油的替代品。制作糖衣和蛋糕时用好起酥油是烘焙者的素质。高浓度使糖衣更细腻、更滑润，奶油味更重，而不会在吃后感觉太油腻。固体蔬菜起酥油会影响糖衣的黏稠度。
- 材料混合后不要中速或快速打发。残留的空气会引起气泡产生。
- 深色奶油糖衣因放置时间长而颜色变得更深，糖衣搁置2~3小时，才能看出其真正的颜色。

打发糖衣比奶油清淡，不是很甜。可将其涂抹在蛋糕外面或做美味的馅料。此款糖衣很软，简单些的边也能裱出。若裱花或裱细节就不是很稳定了。刚打发的糖衣很好用，不用的糖衣保存在冰箱里能放4周。

10汤匙（80克）面粉

2.5杯（400毫升）牛奶

2条（226克）黄油

1杯（190克）高纯度起酥油

2杯（400克）小粒糖

面粉倒进平底锅，与牛奶一起搅拌，中火加热，不断搅拌至黏稠，冷却。黄油、起酥油和糖一起打发，再放进冷却的面粉/牛奶糊中打发。快速打发7~10分钟，直至清亮并软绵。不用的糖衣密封起来放冰箱，能保存4周。再使用时低速打发。

制作约7杯（1.75升）

室温下挂糖衣的蛋糕能保存2~3天。

奶油糖衣味道丰富，用在各种蛋糕上都很美味。糖衣呈奶白色，可用来裱简单的花边。不能用于太细致的裱花，因为太软了。

1包（8盎司，224克）奶油，熔化

0.25杯（45.5克）黄油，熔化

2汤匙（31克）酸奶

2茶匙（10毫升）香草精油

5杯（650克）精制细砂糖

将奶油、黄油、酸奶、香草精油放在大碗中打发，直至清亮并松软。逐渐加精制细砂糖至顺滑。

暂时不用的奶油糖衣放在密封容器里，存在冰箱中可保存2周。包覆奶油糖衣的蛋糕室温下可保存1~2天。蛋糕保存在冰箱里只能是蛋糕本身延长保质期，糖衣却有可能冷凝，使得糖衣组织变成颗粒状。

糖霜是由多脂奶油与巧克力混合制成的，有缎子般柔软又丰富的光泽。糖霜可以浇在蛋糕上包覆或打发后涂抹在蛋糕表面。做填充物也非常美味。下面这款配方要求添加黑巧克力，也可用白巧克力、牛奶、半甜的或苦巧克力。白巧克力不是严格意义上的巧克力，因为没有可可粉，但由于有可可黄油，所以其作用跟牛奶巧克力、半甜巧克力和苦巧克力类似。白巧克力可上色，如用油基颜色给白巧克力上色。巧克力里的可可黄油会影响糖霜的黏稠度。糖衣巧克力，或高可可黄油含量的巧克力制作糖霜最好。若用低可可黄油含量的巧克力，则需提高奶油量。味道最丰富、最好的糖霜要用真正的含可可黄油的巧克力，而不是用糖衣（里面含有各种油）来替代。糖衣价格便宜，可以当作替代品使用，但制作出来的糖霜质量不是很好。

保存糖霜

裹了糖霜的蛋糕室温下可放1~2天，不用的糖霜要放在冰箱里保存。再加热可放在双层热水器的上层，用热水加热。若要用打发的糖霜，则先放至室温再打发。还可放微波炉加热5~10秒，搅拌，若有必要则再次加热，直至糖霜达到所需要的黏稠度。

质量因素

巧克力的味道、纹理和黏稠度差别巨大。糖霜的味道和质量取决于所用的巧克力。选择那种吃到嘴里就很美味又能熔化的，制成的糖霜是极好的。

皇家糖衣在蛋糕装饰中有很多用途。它干后会很硬，所以不适合做蛋糕的包裹层。用皇家糖衣制作的东西可提前几天做好。用皇家糖衣裱的花很轻，花瓣易损。翻糖包覆的蛋糕可用皇家糖衣做细节，如用线条装饰（P142）、用刷子装饰（P141）及用糖作画（P136）。皇家糖衣更多的应用通常作为"胶水"来搭建华丽的装饰。下面任一种配方都可以用。或者为了方便购买现成的，只需简单地加点水，高速打发几分钟即可。

蛋白粉皇家糖衣配方

- 4汤匙（50克）蛋白粉
- 0.5茶匙（2克）塔塔粉
- 2/3杯（160毫升）水
- 8杯（1.4千克）砂糖，过筛
- 1汤匙（12.5克）阿拉伯胶糖

搅拌钵内加入蛋白粉、塔塔粉和水，高速打发至硬性发泡。用另一个碗将砂糖和阿拉伯胶糖混合在一起搅拌，低速打发至完全溶合，加入已打发好的混合物，然后高速打发几分钟至硬性发泡。用潮湿的毛巾密封糖衣保存。

制作约4.75杯（1175毫升）

完美的皇家糖衣

- 砂糖过筛是很重要的，能防止裱花嘴结块堵塞，可用细网眼的筛子过滤。
- 皇家糖衣会由于油脂存在而不成形，所以要确保所用餐具和碗都完全无油。皇家糖衣裱花至奶油上会出现油脂斑点。

蛋清皇家糖衣配方

- 1磅（0.45千克）砂糖
- 3个大鸡蛋（取蛋清），室温下
- 1/8茶匙（1.5克）塔塔粉

砂糖过筛，蛋清倒入搅拌钵中，加入塔塔粉和砂糖，所有材料混合后，高速打发至硬性发泡，用潮湿的毛巾密封糖衣保存。

制作约2½杯（625毫升）

保存皇家糖衣

取出的皇家糖衣很快会变干并结一层硬皮，在用皇家糖衣装饰时，要始终用潮湿毛巾盖住盛糖衣的碗。蛋清皇家糖衣打发完要立即使用；蛋白粉皇家糖衣能保存2周，室温下保存在密封的容器里。裱花前再高速打发。花朵和其他装饰件保存在密封容器里能放几个月。避光保存防止变色。

擀压糖衣与糖衣雕刻

下面章节是关于擀压糖衣和糖衣雕刻的。翻糖可作为包覆蛋糕的糖衣及一些装饰件的制作。胶糖造型能力较强，只做装饰用。将翻糖和胶糖混合叫50/50面糊，本书中有几款造型用它是最理想的。造型时软糖可替代翻糖，但不可用作包覆蛋糕。

翻糖。用翻糖包覆的蛋糕看起来干净、光滑。将糖衣擀压好包覆在蛋糕上，这种糖衣耐嚼且甜，可用于各种各样的情况，如造型、起褶、做蝴蝶结、裱花和其他应用。在包覆翻糖前，蛋糕要加基底糖衣。先用奶油制作糖衣使蛋糕外表光滑，增加甜度并保持湿度。欧式蛋糕包覆翻糖前一般用杏仁蛋白软糖做光滑的基底。混合翻糖费时费力，为方便起见，可购买几种牌子的翻糖来用，每种牌子的翻糖都有其独特的味道和性能。出售的翻糖既有白色的，也有其他颜色的。

翻糖配方

0.5杯（120克）奶油

2汤匙（30毫升）无味明胶

0.75杯（175毫升）葡萄糖

2汤匙（28克）黄油

2汤匙（25毫升）甘油

2茶匙（10毫升）香草精

2茶匙（10毫升）黄油香精

1茶匙（5毫升）杏仁精

大概9杯（1000克）砂糖

奶油倒进小平底锅，明胶撒在奶油上，小火加热至明胶熔化，加入葡萄糖、黄油、甘油及各种香精，加热至黄油熔化，锅放在一边。砂糖过筛，将7杯（770克）砂糖放在搅拌钵里，奶油混合物倒在砂糖上，低速搅拌至砂糖完全混合，加入剩下的2杯（230克）砂糖。翻糖会很黏，不过还会保持其形状。将一片保鲜膜铺在工作台上，抹上一层薄薄的蔬菜起酥油，用此保鲜膜将翻糖包起来，放置24小时。24小时后，翻糖就没那么黏了。若不行，则再另外加点砂糖。

胶糖，最常用于塑花和造形，其黏稠度接近翻糖，但不是典型的食用品。一般用作蛋糕的精致裱花和重要的装饰件。由于它良好的弹性，胶糖能被擀压成近乎半透明状来制作各种小巧玲珑的花朵。

胶糖配方有两种，第一种是尼古拉斯·洛奇胶糖，尼古拉斯·洛奇因其复杂的糖艺而闻名，是一名杰出的蛋糕装饰者和老师。第二种胶糖配方很简单，由翻糖和泰勒粉制成，虽然这种胶糖没有第一种的强度高，却可以随意捏塑。胶糖也有售，或者向胶糖粉里加些水即可。使用购买的胶糖方便又节省时间。然而，用买来的胶糖制作蛋糕配件有可能要几天时间才能晾干。按下面技巧制作胶糖一般24小时内会变硬。

尼古拉斯·洛奇胶糖配方

- 125克新鲜蛋清
- 700克砂糖
- 另外250克砂糖
- 35克食用泰勒粉
- 20克固体植物起酥油

新鲜蛋清放进搅拌机中，放置平浆挡位高速搅拌10秒，再将搅拌器开到低速，慢慢加入700克砂糖，制成软的黏稠皇家糖衣。搅拌器档位改在3或4挡，打发2分钟，确定混合物处于软性发泡阶段。糖衣看起来闪亮，像棉花糖，顶峰会自然掉落。若想染色，则应在此时加入食用色素或食用明胶，颜色要比希望的稍深。搅拌器放低挡位，间隔5秒撒泰勒粉，再将挡位换高速挡转几秒，这会使混合物黏稠。从搅拌机里刮出混合物，放到工作台上（撒上另外那250克砂糖的一部分）。手上擦起酥油，揉面糊，加剩下的一部分砂糖，面团揉至软但不粘手即可。用手指捏一下面团看黏稠度，手指拿起时应是干净的。揉好的面团放在有拉链的袋子中，再放进大袋子里密封好。在使用前饧24小时，放阴凉处。可以用时，切一小块下来，再揉进一小块植物起酥油。若此时要染色，就将要加的那个颜色揉进面团。不用的，则放在冰箱里保存。面团要放在有拉链的袋子里，在冰箱里能保存6个月。

简易胶糖配方

- 450克翻糖
- 15克泰勒粉

将泰勒粉揉进翻糖，包裹严实，饧几小时。

完美的胶糖

- 胶糖易干，若工作时间长则少加泰勒粉，不用时密封好。
- 胶糖放置时间长后，会又硬又韧，加一些起酥油或蛋清能使其变软。

50/50面糊是翻糖和胶糖的混合物，这种混合物既足够强劲，可以做各种装饰件，又软到可以切割，但不做包覆蛋糕用，也叫50：50糊或50：50混合料。

50/50面糊配方

- 1份胶糖
- 1份翻糖

胶糖揉至软，翻糖也揉至软，将二者放在一起揉至完全混合。

食用胶

泰勒胶配方

- 1汤匙（15克）泰勒粉
- 1.5杯（360毫升）水

水煮沸，将泰勒粉搅进沸水至完全溶解，保存在冰箱。

这个配方做出来的食用胶，可用于粘胶糖。若要粘的两个配件都很软的话，可用蛋清来替代食用胶，一点胶就可以了。胶在自然光下容易变干，若太多胶渗出就会被看见。泰勒粉是工业胶糖，一定要使用食用级泰勒粉。

裱花胶

裱花胶是一种无色无味、作为食用胶很好的食材，可在店铺里买到。泰勒粉食用胶对于小件的、手工塑形及胶糖花很好用。裱花胶用于大的装饰件很理想。不要用太多裱花胶，否则装饰件有可能从蛋糕上滑落。

糖果泥（塑形巧克力）是一种柔韧的巧克力泥，由巧克力和玉米糖浆制成。这种糖衣不用作包覆蛋糕，只是用来塑形或制作装饰件。糖果泥制成的装饰件，其细节不如翻糖或胶糖，但却是很美味的替代品。

糖果泥配方

- 450克巧克力
- 160毫升玉米糖浆

巧克力熔化，加进玉米糖浆搅拌，混合物变黏稠，有点像乳脂软糖，倒在塑料膜上包起来，密封好，搁置几个小时。放置好后，混合物会变得很硬，塑形前要揉至软。

保存糖果泥

不用的、密封好的糖果泥室温下能放几周。塑好形的装饰件要放置在密封的容器中，放阴凉处。

稍冷些

温暖的手和室温使得这款巧克力泥很难塑形，若太软，则放在冰箱里几分钟再塑形。

食物上色

　　上了色的蛋糕更漂亮，多种混合色可造就一款蛋糕也可毁了它。混合颜色时色轮是很有用的工具。通常情况下，聚会的主题决定了所使用的颜色。寻找到适合的颜色和色调是最复杂的工作。很多颜色包装上都会显示该种颜色。然而，颜色因各种因素会改变。糖衣的成分会影响颜色，而随着时间的推移颜色也会改变。将全部糖衣加色前宜先用一小块颜色和一小块糖衣混合试验颜色。在想得到最精确的颜色时用三原色——红、黄、蓝来校正。每种颜色的色调由加入糖衣的颜色量而由浅变深。每次少加点颜色，直至想要的色调。很多食用色素虽没有保质期，但颜色有可能析出、变硬或变色。为达到最好的实用效果，保存不要超过1年。

　　食用颜色会污染镂空的表面，包括台面、手和衣服。可用水冲洗掉手上的颜色，用漂白粉或清洁精去除台面上的颜色。去除织物上的颜色要先撒上温水，完全漂洗净再晾干。若还不干净则需买专用清洁物品。

颜色种类
食用颜色粉

　　食用颜色粉是高浓缩的，在糖衣染色前最好先溶化在水里，若直接加进糖衣，有可能结块。对于奶油和翻糖，混和一点植物起酥油到食用颜色粉中。对于皇家糖衣，混合水即可。对于糖霜，则加一点液体植物油。

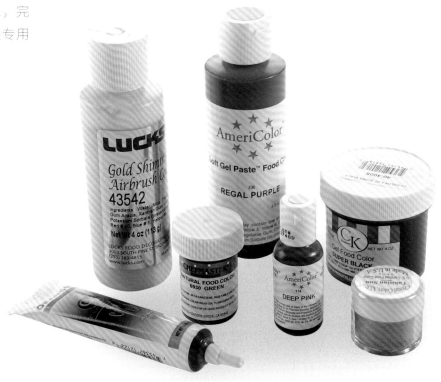

食用凝胶与食用颜色糊

食用凝胶的颜色是水基的且高浓缩，很多牌子的凝胶灌装在管子里，能轻易地挤出而不会结块。另一些牌子的则将凝胶和颜色糊保存在小容器中。从容器中取颜色可用牙签，牙签必须是干净的，若有残留的糖衣则有可能将容器中的颜色弄脏。很多食用颜色制造商已经从糊向凝胶配方转变，凝胶与糊的功能相似而保质期更长。

颜色糊的再利用

若容器里的颜色糊变稠，几滴甘油就能使其焕发青春。

液态食用色素

液态食用色素可直接购买到。液态颜色适合色彩柔和的，因深色很难得到。它们不像凝胶、颜色糊和食用色素粉那样高浓缩。太多的液态颜色会影响糖衣的黏稠度。水基的液体颜色不要用在糖霜上。

喷枪食用色素

喷枪食用色素是液态的，几乎能用在所有的糖衣上，但很难获得深色调。只有液态颜色可用喷枪，像粉沫、凝胶和颜色糊则有可能结块。

油基食用色素

油基食用色素用在糖霜糖衣染色和糖果包覆层、巧克力染色。液态食用色素、凝胶和颜色糊都是水基的，其可能引起巧克力或糖衣渗水或变硬。

天然食用色素

有些天然颜色来自天然成分如甜菜、红甘蓝和其他植物的提取物。这些颜色有可能使糖衣的味道稍有变化，稳定性也比人造的差些。天然颜色在高温环境下不可用。

喷粉

喷粉一般用来产生亚光、珍珠色或亮闪闪效果时用，这些粉末不是用来与糖衣或翻糖混合，而是喷撒到已完成的装饰件，如胶糖花上。

食用色素马克笔

在硬表面上色最方便的方法就是使用食用色素马克笔。这种马克笔是食品安全级别的，可以尽情使用。

关于食用色素的有用信息

深色

深色如红色、紫红色、深紫色、深蓝色和黑色，需要很多食用色素。太多的颜色可能会使糖衣变苦，食用时也有可能染在嘴唇上。为达到最好的效果，可使用食用凝胶或颜色糊。液态颜色不易得到深色。若在奶油中加入颜色，时间长了颜色会加深。深色要至少提前1小时混合进奶油，使颜色有足够的反应时间变深，若颜色变太深，可加白色糖衣稀释一下。亮色调颜色少用点，而深色调则多用些颜色。

褐色糖衣

制作褐色糖衣是将可可粉与植物起酥油混合在一起。做成深色颜色糊，将可可糊与翻糖或奶油混合。若由于可可粉的加入使奶油变稠，可加水稀释。

黑色糖衣

黑色糖衣有可能是最难制作的颜色，其制作步骤与上述制作褐色糖衣类似。当糖衣呈褐色时，加入黑色食用色素。

红色糖衣

红色糖衣是另一种较难制作的颜色。每个牌子的食用色素颜色变化很大。有些红色看起来是橙红色，而另一些呈现深粉色。高品质的红色是高浓缩的明亮的红。奶油中加入红色时间长了会浓缩。在奶油中加红色要至少提前一小时，使其充分浓缩。若颜色过深则加入白色糖衣稀释。多种红色食用色素将使糖衣变苦，可选一种无味的红色与别的红色一起用或单独使用。

颜色褪色

颜色褪掉是令人沮丧的事情。放置几小时，紫色花朵有可能变成蓝色；红色、粉色也有可能变无色。一般容易褪色的有红色、粉色、薰衣草色、紫色、桃红色、黑色和灰色。自然光和荧光光线照在蛋糕上是最致命的。普通家里面的光线也会使颜色褪掉。有些出售的不褪色的食用色素，却达不到想要的色调。可将制作好的蛋糕存放在阴凉、无光的房间以防止褪色，或者将蛋糕放在密封盒子里也能防止褪色。

颜色加深

奶油搁置1~2小时后经常变黑或加深。将奶油和食用色素提前几小时混合，看其怎样随着时间延长而变深。大多数糖衣如翻糖和皇家糖衣则会随着时间延长颜色变淡。

颜色渗出

由于湿度影响，糖衣的颜色有可能渗出，如将红色奶油裱到白色奶油（未冷凝）蛋糕上，红色将渗到白色中。最好的处理方法是，奶油在加对比色前要完全冷凝。给冷藏过的蛋糕加细节也会引起颜色渗出，所以在加细节前要将蛋糕放至室温。在炎热的室外操作同样会使颜色渗漏，为防止渗色，正确的保存蛋糕是很重要的。将包覆了奶油并装饰过的蛋糕放置在冰箱里，湿度增加，同样引起渗色。蛋糕放置于密封容器里会冷凝，也会引起渗色，为减少渗色，宜将蛋糕放在宽松的蛋糕盒里，使蛋糕有足够的呼吸空间。即使按照正确的方法保存，深色还是免不了会渗色。若考虑到渗色，最好直到最后时刻再裱对比色。

糖衣中的酸性物质

颜色中的成分如柠檬汁，带有酸性物质，将影响颜色的呈现。若配方中含柠檬汁或其他酸性成分，到最后呈现的颜色会改变。

关于食用色素的争议

食用色素被我国食品药品监督管理总局严格地研究、管理和监管。在1970年代出现一个普遍理论，称某些食用色素会引起亢奋。结论由美国食品和药物管理局及欧洲食品安全部门分别审核。两部门都得出结论，表明其研究没有证据证明食用色素添加与人的行为之间有关联性。随着科学认识和实验手段的提高，其都会接受我国食品药品监督管理总局的安全审查。

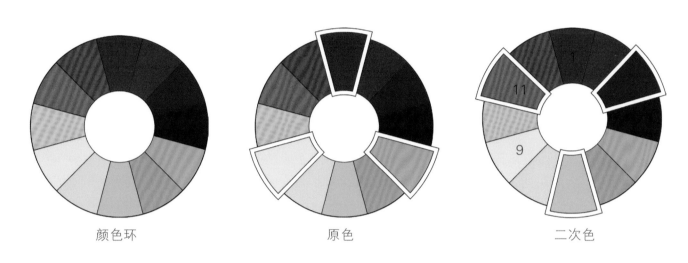

颜色环　　　　　　　　　原色　　　　　　　　　二次色

颜色环

在给糖衣染色时，颜色环可是很有用的工具。定制颜色时也能用到。如果色调不对，用色环来帮助决定所要加的颜色。充分理解色环的应用，使得在蛋糕装饰中决定哪种颜色配哪种颜色很方便。

原色

红、黄、蓝是三原色。三原色不能被制造，其他各色都由此三色获得。

二次色（间色）

橘色、绿色和紫色是二次色，也称为间色。它们是三原色两两相混得到的。如红（1）+黄（9）得到橘色（11）。

对比色

对比色是色环上相对应的颜色。对比色的对比最强，是互补色。原色的对比色由其他两原色相混合而成，产生原色的互补色或对比色。在制作精确的色调时对比色很有帮助。例如，若褐色糖衣看起来太绿，则可加一点对比色——红色来调节。

相邻色

相邻色是色环上相邻的两色，它们表现很和谐。

三次色（复色）

三次色是混合了原色和其相邻色而产生的微妙颜色，也称为复色。例如，蓝（5）和绿（7）混合得到青色（6）。

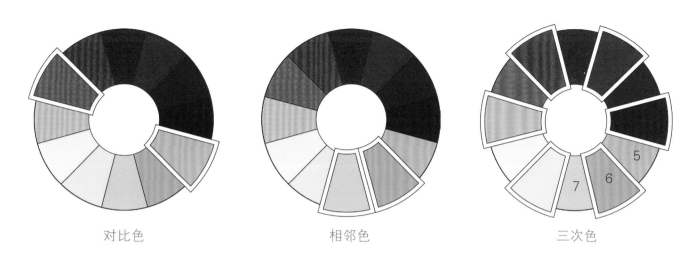

对比色　　　　　　相邻色　　　　　　三次色

无色

　　白色和黑色在色环上并不被认为是颜色，黑色可由红、黄、蓝混合得到。混合黑色很难，需要三种颜色精准的用量，所以最好还是购买调和好的。

糖衣染色

1　颜色混合前，确保糖衣的所有成分已完全充分混合。

2　先将少量颜色加到糖衣中。装在容器中的颜色用牙签挑出，装在管里的则挤到糖衣中。

3　所有颜色加好后再混合，不要有大绺颜色出现。若颜色太深，加一点白色糖衣，若太浅，就再加点颜色。

翻糖染色

1 翻糖揉至软。

2 容器中的颜色用牙签挑出加到翻糖中，装在管里的则挤到糖衣中。

3 开始将颜色揉到糖衣中，若需要的话可再加点颜色，使其变深。

4 糖衣揉至没有条纹状颜色出现即可。

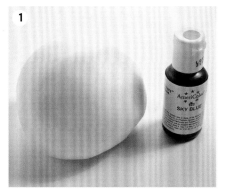

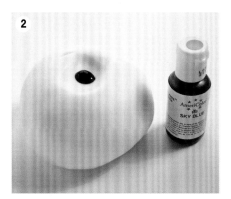

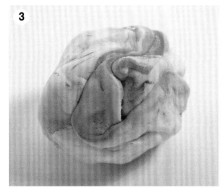

大理石纹翻糖（方法一）

1 翻糖揉至软并柔韧，容器中的颜色用牙签挑出加到翻糖中，装在管里的则挤到糖衣中。

2 轻揉糖衣，颜色条纹还保留着。

3 擀压糖衣并包覆蛋糕或切出图案。

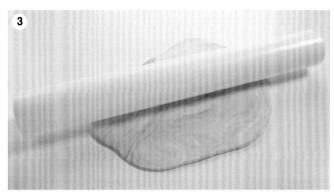

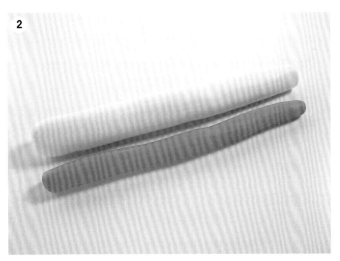

大理石纹翻糖（方法二）

1 将每种颜色的翻糖揉至软，淡色的要比深色的大2/3左右。

2 将翻糖揉成条状，并排摆放好。

3 折叠，开始揉并擀出大理石条纹

4 擀压糖衣并包覆蛋糕或切出图案。

颜色混合提示

· 糖衣或翻糖染色的量要稍多于所用量，在装饰蛋糕过程中若不够用，再想做出同样色调的很难。

· 防止糖衣颜色太深，宜先少量染色，再将颜色加入大量糖衣中。这样颜色混合均匀，不易产生过多条纹。

· 在试验顾客定制的颜色或一种新颜色时，应先用少量糖衣试验，避免浪费。

· 手上先涂少量起酥油，再将颜色揉进翻糖，以防止手染色。戴塑料手套也会避免染色。

用奶油包覆蛋糕

　　给蛋糕涂抹糖衣需要多练习才能达到光滑、干净的程度。宜将蛋糕放在旋转台上，这样涂抹周边时受力较均匀。若蛋糕屑粘到糖衣上，在涂抹时则会造成困难。有两种方法能减少困难，方法一是快速裱花，在蛋糕上会留下条纹；方法二是在蛋糕上加一层糖衣，使面屑被粘上，糖衣冷凝，蛋糕屑就不会掉落。

快速裱花法

1 蛋糕放在同尺寸的卡纸板上，使工作台面整洁，在装饰时无蛋糕屑。涂抹糖衣时，纸板也要抹上，就如同是蛋糕的一部分。涂抹糖衣前用刷子刷掉多余的蛋糕屑。

2 将快速裱花嘴（789#）装在大的裱花袋上，袋子可能要剪去一些，要露出1/4的裱花嘴。裱花袋装入2/3的糖衣，手持裱花袋呈45°角，触及蛋糕表面。

3 在蛋糕底层裱一圈糖衣，裱时用力轻一些。

4 再裱一圈糖衣，将上一圈压住。裱的过程中要轻柔地用力，以免糖衣掉落，若有必要，可再裱一圈，然后裱顶层蛋糕。

5 蛋糕上表面也裱几段，每段都盖过前一段，继续裱至蛋糕胚不可见。

6 用长抹刀抹平糖衣，用抹刀的长边抹平上表面。

7 持长抹刀与旋转台垂直，抹平蛋糕周边。用本章提到的抹平糖衣技巧之一（P45），将奶油抹平。

防止糖衣渗漏

　　大的裱花袋较难控制，袋子底部用裱花袋绳或橡皮筋扎住，防止糖衣从底部渗漏。

刮外层法

1 蛋糕放在同尺寸的卡纸板上，使工作台面整洁，在装饰时无蛋糕屑。涂抹糖衣时，纸板也要抹上，如同是蛋糕的一部分。奶油加水稀释，水的用量根据糖衣的黏稠度而不同。通常，对20厘米的蛋糕，1杯糖衣加1茶匙水。稀释过的糖衣涂抹到蛋糕上形成一个薄层，放置待其表面冷凝（20~45分钟）。

2 冷凝后，在蛋糕上表面放大量糖衣。

3 用长抹刀抹平，用其长边将糖衣推到周边。

4 充分应用推到蛋糕周边的糖衣，手持长抹刀与旋转台垂直，将糖衣涂抹到周边，让上表面和周边的糖衣无缝结合。

5 用长抹刀抹平上表面和周边，用抹平糖衣技巧之一（P45），将奶油抹平。

刮的控制

在刮外层时，放两个碗来盛刮下的糖衣，一只碗盛没有蛋糕屑的糖衣，另一只碗用来抹下长抹刀上的多余糖衣和混合了蛋糕屑的糖衣。

抹平糖衣

用下面任一种或几种技巧混合来抹平奶油外皮，可得到光滑和丝绸般的效果。加热抹刀刀片的方法用于涂抹糖衣过程中；糕点滚轮方法和纸巾方法在糖衣已冷凝后应用。

1 长抹刀插进热水中加热，擦干刀刃，用加热的长抹刀抹平蛋糕表面，热的金属刀刃会稍微熔化糖衣，从而使其表面光滑。在糖衣冷凝前使用热抹刀方法。

2 糕点滚轮也可用于光滑糖衣。在糖衣冷凝后（约45分钟），用滚轮轻轻滚动不是很光滑的蛋糕表面。

3 纸巾也可用于光滑糖衣。选一种没有花纹的纸巾，在奶油糖衣冷凝后，轻轻地用纸巾压在糖衣上找平。

带花纹的奶油糖衣

蛋糕可简单的只用带花纹的糖衣装饰。奶油蛋糕压印花纹的时机是能否成功的关键。刮片需要在刚涂抹完糖衣的蛋糕上制花纹，而用花纹垫则需要糖衣冷凝后使用。

蛋糕刮片

蛋糕刮片在蛋糕装饰品专卖店有售，其形式多样，能形成各种花纹。使用蛋糕刮片应在糖衣抹平而未冷凝时。

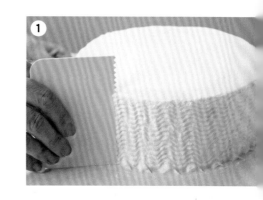

1 手持蛋糕刮片与旋转台垂直，在已抹光滑的糖衣上轻压。用一只手转动旋转台，另一只手持蛋糕刮片滑过周边，手要上下移动以产生波纹状花纹，如图示。

花纹垫

花纹垫的花纹和材质各式各样，由于塑料材质轻且容易弯折，故是较理想的。用花纹垫制花纹的时机很重要。若没有足够的时间，糖衣未冷凝，则糖衣就会粘到花纹垫上；若时间太长，糖衣就开裂了。

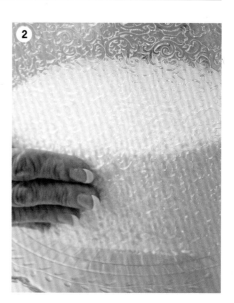

1 给蛋糕涂抹奶油糖衣，待其冷凝（约45分钟）。将花纹垫置于蛋糕上表面，稍用力，用蛋糕滚轮滚整个表面，一个地方只滚一次。不要前后滚动，否则会形成两道线。滚好拿开花纹垫。

2 周边印花纹也同样，将花纹垫贴在周边，稍用力压，使其产生花纹。压好拿开花纹垫。

糖霜装饰蛋糕

糖霜是一种美味的、包含很多成分的糖衣，可制作多种口味的蛋糕。在倾倒和涂抹糖霜时一定要快，因其易凝结。

1 蛋糕烘焙好并冷却，准备好糖霜，在与蛋糕等大的卡纸板中心区点一些糖霜，蛋糕置于其上。凉的冷却架放在一张羊皮纸上，用大铲刀将卡纸板和蛋糕一起放在冷却架上。

2 若蛋糕是多层的，则层与层之间有缝隙，用奶油或巧克力填满缝隙（如图示）。

3 用直抹刀将缝隙外的糖衣抹平，周边抹光滑。

4 趁着糖霜还没凉，将其倒在蛋糕上表面中心位置，允许糖衣流到四边，若周边没有被完全覆盖，则再倒一些糖霜。

5 用抹刀抹平糖霜。

6 冷却架抬起，在工作台面上轻轻拍动，使糖霜表面更光滑。在装饰前糖霜要完全冷凝，再按要求装饰。

白糖霜

若用白巧克力糖霜包覆蛋糕，可能需要两层才能把蛋糕裹上，第一层需要放置1~2个小时后，再加第二层糖霜。

翻糖装饰蛋糕

　　翻糖比其他糖衣更光滑、干净。在用翻糖包覆前蛋糕要先裹一层糖衣。底层糖衣使翻糖更光滑、干净，还增加甜度。蛋糕要放在等大的纸板上（不要太大），这样，边转动蛋糕边装饰会很容易，工作台面也会很清洁，没有蛋糕屑。这个建议不仅是针对奶油糖衣的，对于其他糖衣也适用。底层糖衣冷凝后，表面裱一层裱花胶，这样翻糖就会粘在蛋糕上。

通用包覆蛋糕方法

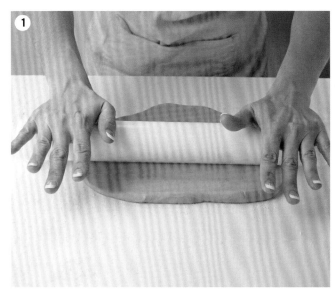 

1 计算所需翻糖量。一个圆形（或方形）翻糖直径大小是蛋糕的直径加上2倍高度，再加约2.5厘米。例如，20厘米蛋糕是7.5厘米高，需要直径约38厘米的圆形（或方形）翻糖（20厘米+7.5厘米+7.5厘米+3厘米=38厘米）。待蛋糕冷却，将其放在等大的卡纸板上。用奶油做糖衣，待糖衣充分冷凝，在其表面刷一层裱花胶。翻糖揉至软。玉米粉散在工作台上，玉米粉不要撒太多，多了会使翻糖变干。压平翻糖至5厘米厚，这样擀起来要比刚开始的一团容易些。

2 用力再擀2次，将翻糖转90°，注意不要粘到工作台。若翻糖有些粘，则撒些玉米粉，不要将翻糖翻面。

3 再擀并转90°，转的目的是保持其形状均匀。翻糖继续擀至约0.3厘米的厚度，确保其大小足够包覆蛋糕。对于20厘米×7.5厘米的蛋糕，翻糖直径需要约38厘米，用长擀面棒挑起擀好的翻糖。

4 从蛋糕一侧开始，将翻糖展开在蛋糕上。

5 为避免蹭掉奶油，翻糖要举起移到周边，注意不要拉拽翻糖。

6 用手掌靠着蛋糕周边压出边缘。

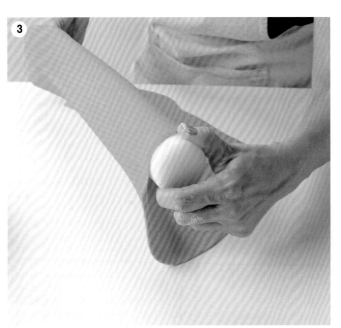

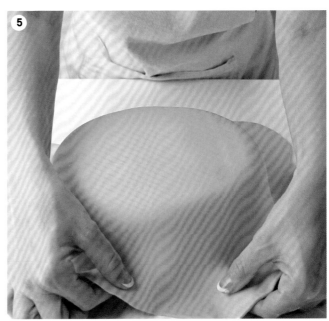

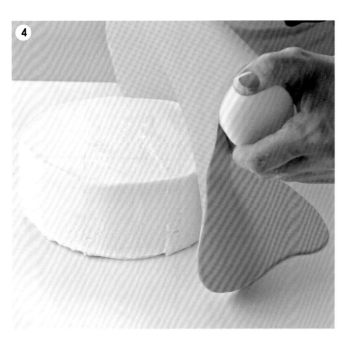

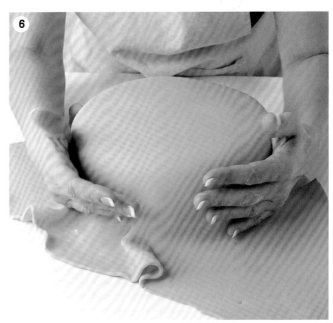

7 用迷你披萨切刀，切除底座多余的翻糖，留有2.5厘米的富余。

8 将蛋糕放在直径比蛋糕稍小的桶或碗上。将不常用的那只手持翻糖平滑器放在蛋糕上表面稳定住，不要用力，否则会压出线（若压出线了，用平滑器再找平）。用另一只手持平滑器在周边找平。

9 仍用手持平滑器在蛋糕上表面稳定住蛋糕，再用削皮刀垂直蛋糕切除多余糖衣。

10 在蛋糕底座上（P67）抹奶油或其他糖衣。

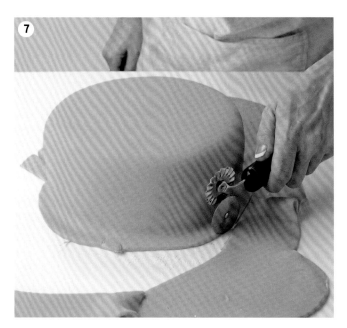

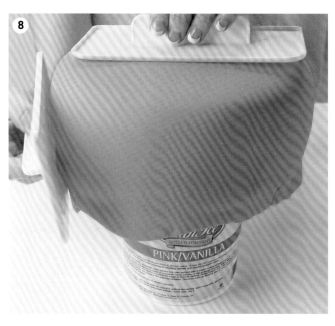

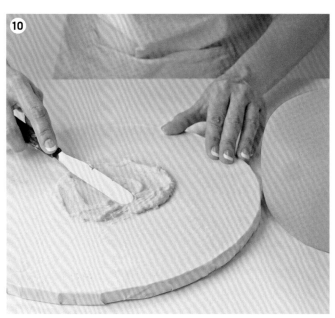

11 用巨型蛋糕抓取器或大甜饼平
铲，将翻糖包覆的蛋糕放在底
座上。

12 用平滑器将蛋糕上表面和四
周抹光滑。用手也能平整，不
过有可能会留下手指和手掌的
纹路。

完美翻糖技巧

· 工作台表面要干净、无杂物和蛋糕屑，不要穿毛衣或有很多棉绒的衣服，手饰也不要带。

· 玉米粉用来撒工作台面，砂糖或其与玉米粉混合也可以用于撒工作台。砂糖常会溶化进翻糖，从而比用玉
米粉更让翻糖发黏。

· 手或空气的湿度等因素都会影响翻糖的黏稠度。若翻糖变黏，有可能是砂糖被揉进来了。若翻糖太干，可
揉进少量的固态植物起酥油。

· 若有气泡生产，用直的大头针挑破气泡。用清洁、干燥的手指轻压放出空气，再用光滑器压平留下的小洞。

· 用翻糖包覆的过程一定要快，若时间过长，则翻糖有可能产生细小的纹或"象皮纹"，尽量在5~7分钟内
完成。

· 翻糖不用时，必须用保鲜膜包好，否则外皮会冷凝、变硬，就不能用了。若翻糖有一部分变硬皮，在揉之前切掉这
部分。

· 若购买出售的翻糖，确保是用于蛋糕装饰的。翻糖类形各异，干的翻糖和糖果翻糖是用于做糖果的。

用带花纹的翻糖装饰蛋糕

　　用带花纹的翻糖装饰蛋糕只需要加一点点装饰，需要一些练习才能把带花纹的翻糖装饰好，但其效果确是出人意料的。有很多图案和材质可供选择。又轻又清晰的塑料垫既不贵又可以双面使用，一面图案是凸起的，另一面图案是凹陷的，凸起那面的图案细节看起来像是裱上去的。也可用硅胶花纹垫，但由于硅胶是一种易吸绒毛和尘土的材料，故使用前一定要清洗。翻糖要比通用的稍厚一些，在压花前擀至0.6厘米厚。

方法一

　　这种方法是将整个蛋糕都压上花纹，不过压上的图案会稍拉长，完美的几何图形如圆形或方形图案会变形。若图案被拉伸看起来不那么尽如人意的话则用方法二。图案如花形或鹅卵形被稍微拉伸后不会太明显。

1 按照通用翻糖包覆蛋糕的步骤1~3（P48）。将干净的、擀好的翻糖放至花纹垫上。由于翻糖要比擀面棍宽，只能先压一部分花纹。从一边开始，用力朝一个方向擀，不要来回擀，否则易产生两个线条。

2 抬起擀面棍，在另一部分翻糖上压花纹，直到所有翻糖都压好花纹。

3 拿起花纹垫，将其定位在蛋糕上。

4 将花纹垫去掉，用压好花纹的翻糖包在蛋糕上，掀起周边的翻糖避免有折痕。注意不要拉拽翻糖。

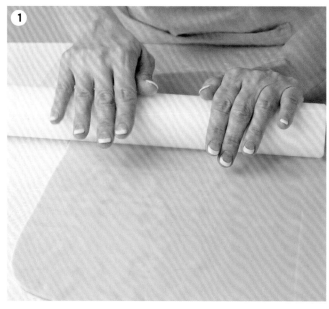

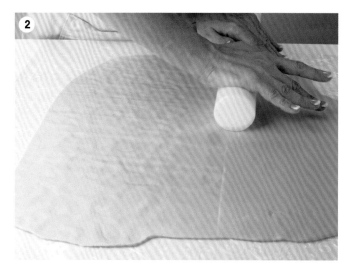

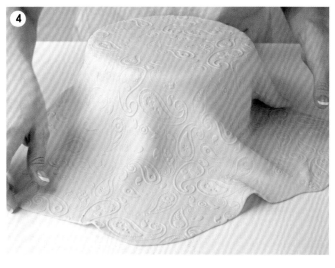

5 用手掌靠着蛋糕周边压出边缘。

6 用迷你披萨切刀，切除底座多余的翻糖，留有约
2.5厘米的富余。

7 蛋糕置于直径稍小的桶或碗上，用削皮刀垂直于蛋
糕切除多余翻糖。蛋糕底座上涂抹奶油或其他糖
衣，将包覆好的蛋糕移到底座上。

用带雕刻花纹的擀面棍也可用于给翻糖压花
纹，技巧同花纹垫。

方法二

这种压印花纹的方法与方法一相比，其纹路更清晰，不会拉伸图案，但在最后阶段需要将蛋糕顶层和周边无缝连接。

1 蛋糕放凉，置于等大的卡纸板上，用奶油包覆蛋糕，待完全冷凝，在冷凝层用刷子涂一层裱花胶。然后测量蛋糕高度。

2 翻糖揉至软。工作台上撒玉米粉，别撒太多，否则会使糖衣变干。用力将糖衣擀成长带状，对于20厘米×10厘米的蛋糕，翻糖带长度约66厘米×10厘米。确保翻糖没有粘到工作台面。若糖衣过黏，撒些玉米面，不要翻面。继续擀至0.6厘米厚。

3 擀过的条带放在花纹垫上，用力从一边开始压出花纹，不要来回压，否则会产生双线条。在快到花纹垫的末端时停止用力，别压到末端，否则会产生线条。

4 条带长度需要66厘米，由于花纹垫只有58.5厘米长，所以要再加7.5厘米花纹。先仔细地将花纹垫和翻糖条一起翻转，再将花纹垫揭开。

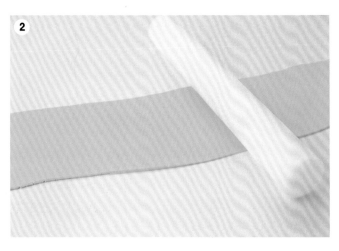

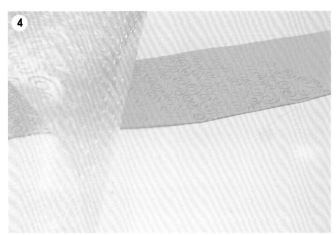

5 花纹垫在越过已压制的花纹5厘米处放好，从底端5厘米处开始擀，继续至整个条都压上花纹，但有些地方图案会重叠。当图案重叠时就不是很清晰，而没有重叠的地方则很清晰，所以可把有重叠图案的地方放在蛋糕的背面。

6 将翻糖条切成蛋糕的高和周长大小。

7 将此条包在蛋糕周边，注意包的时候不要拉伸。

8 擀一个足够大的翻糖片，约0.6厘米厚，用于在蛋糕上表面。对于20厘米×10厘米的蛋糕需直径为20厘米大的圆形。拿起糖衣确定不会太黏，若太黏可撒些玉米粉。将光滑的、擀的那面放在花纹垫上，擀出花纹。

9 将压好花纹的翻糖翻面，将花纹垫揭下来。取小披萨刀具和同蛋糕等大的卡纸板，用卡纸板做模型切出与蛋糕上表面同大小的翻糖。

10 将带花纹的圆形翻糖置于蛋糕上表面。

11 轻压周边和顶层之间的缝隙，使奶油不可见。

12 为了盖住周边和顶层之间的接痕，可在接痕处裱花。

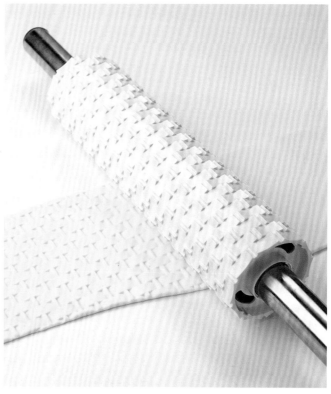

用带雕刻花纹的擀面棍也可用于给翻糖压花纹，方法同花纹垫。

更多浮雕图案

压褶

　　压褶是用类似小钳子样的工具完成的。只是简单地将工具压在蛋糕上并轻微挤压出图案。很多褶缝机是○形圆环，可在不同位置雕出不同形状的图案，并能产生连续的圆形。若褶缝机不是圆形的，橡皮圈也可用。

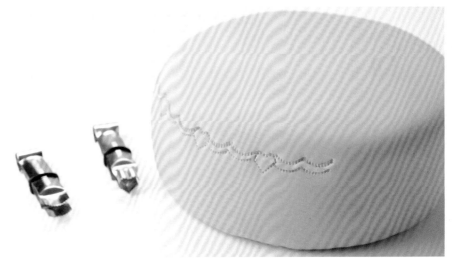

刀具

　　用有锋利刀刃的刀具压在刚包覆翻糖的蛋糕上，也可雕出图案。

装饰新颖形状的蛋糕

　　翻糖装饰的蛋糕要具有不同凡响的细节，蛋糕包覆需要2个步骤。第一步，用奶油包覆蛋糕；第二步，用翻糖包覆。根据通用翻糖包覆的步骤指导完成。若在翻糖包覆中想要有更精细的细节体现，则可根据以下指导。

1　将烘焙好的蛋糕放凉，彻底清洁蛋糕盘并擦干。用奶油包覆蛋糕，完全冷凝。取少量奶油置于蛋糕底座上，将蛋糕放在上面。将已包覆奶油的蛋糕先放一边，将翻糖擀至0.3厘米的薄片，保证翻糖比蛋糕上表面大。

2　蛋糕盘放在擀好的翻糖上做模版，沿盘四周剪切翻糖。

3　将切好的糖衣放在盘里，放平，擀的那面朝下放。从盘的一边开始紧压，得到装饰细节。

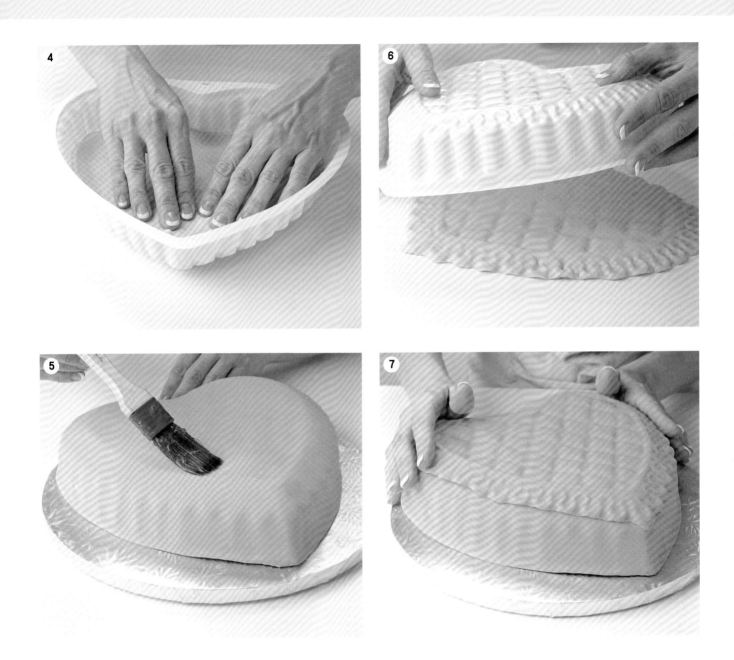

4 继续压至所有的细节都印在翻糖上，用保鲜膜包好，免得在用翻糖包
　覆蛋糕时变干。

5 在包覆了翻糖的蛋糕上表面抹一层裱花胶，周边就不要抹了。

6 蛋糕盘翻过来，将翻糖从盘内取出。

7 将印上花纹的翻糖放在蛋糕上表面，若需要可再加其他装饰。

蛋糕泥

翻糖包覆过蛋糕后，在多层蛋糕间隙处有可能要加蛋糕泥，从而遮住阴影。即使有裱出的花边，阴影也依稀可见。为填补缝隙，可用蛋糕泥找平。使用时要小心，如果应用不当反倒会使蛋糕看起来凌乱。

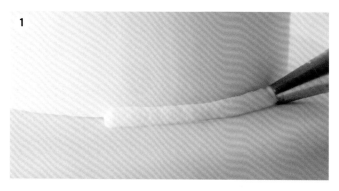 

1 用圆形8#裱花嘴安在裱花袋上，装入皇家糖衣，与翻糖颜色一致，沿蛋糕边缘裱一圈。

2 用手抹平所裱的糖衣。

3 用干净、干燥的刷子刷去遗留的皇家糖衣，不要用水或湿刷子，否则翻糖上会有水点子。

纸杯蛋糕裱花

下面讲解用黏稠的糖衣来为纸杯蛋糕裱花，如用奶油、打发糖衣、打发糖霜或奶油。纸杯蛋糕所需糖衣量可查第73页的纸杯蛋糕配方速查表。

涂抹糖衣

1 将烘焙好的纸杯蛋糕放凉，在纸杯蛋糕中心舀一勺糖衣。

2 边旋转蛋糕边把糖衣涂抹到边缘。

3 将抹刀上多余的糖衣刮掉，持抹刀呈45°角，沿蛋糕边缘刮干净边缘上的糖衣。

裱花

裱花比涂抹糖衣节省时间。

1 将1M#星形裱花嘴或2A#圆形裱花嘴（见图）装到裱花袋上，底端先小一点。轻拽裱花嘴使其牢固，底部应漏出1/3的裱花嘴。为装下大的裱花嘴，裱花袋有可能需要剪出稍大一点的顶部，然后装入糖衣。

2 沿纸杯蛋糕外边缘裱一个环形，在停止挤压裱花袋的同时提起。

3 裱环形内部，盘绕至中心处，停止挤压裱花袋的同时提起。此时可作为最后成品，也可用抹刀抹平糖衣。

裱面包店蛋糕风格

1 将一个1M#星形裱花嘴（见图）或2A#圆形裱花嘴装到裱花袋上，底端先小一点。轻拽裱花嘴使其牢固，底部应漏出1/3的裱花嘴。为装下大的裱花嘴，裱花袋有可能需要剪出稍大一点的顶部，然后装入糖衣。

2 在纸杯蛋糕中心处裱上球形果花形。

3 围绕中心裱一个糖衣堆砌的环形。

4 不要提起袋子或停止挤压，继续在球形周边裱花。然后在停止挤压裱花袋的同时提起。

A#2B圆形开放式花嘴是很可爱的花嘴，能裱出干净、光滑的作品（左图）。A#1M星形花嘴能裱出吸引人眼球的褶皱（右图）

纸杯蛋糕的包装

　　纸杯蛋糕烘焙好后用带装饰图案的纸包装比较好。有些纸没有防油功能，若用奶油或糖霜包覆蛋糕，包装纸上会现出斑斑油渍。为避免此种状况发生，纸杯蛋糕在售卖前都放在衬纸里，翻糖包覆的蛋糕便不会有油点出现。

糖霜装饰纸杯蛋糕

对纸杯蛋糕来说，糖霜可是又快又实用的糖衣，配一次材料够好多蛋糕用。包覆过糖霜的蛋糕又光滑又闪亮，看起来很迷人。牛奶巧克力、黑巧克力或白巧克力都可以用。若需要特定的某种颜色，则在白巧克力中加上食用颜色。凝胶或水质颜色会将使糖霜变黏稠。用下述方法，将会使纸杯蛋糕周边也粘上糖霜，若不想有这样的效果，则将糖霜小心地涂抹到纸杯蛋糕上。

1 烘焙纸杯蛋糕并放凉，根据配方指导混合好糖霜。连外包装一起将纸杯蛋糕倒放。

2 蛋糕蘸上糖霜，旋转以保证其上表面完全裹上糖霜。

3 蛋糕提起，旋转，使糖霜均匀。

4 放置一会儿，糖霜变硬，用裱花胶粘上装饰件。

太凉

若糖霜凉太快并黏稠了，以致有些纸杯蛋糕顶部还没来得及蘸上糖霜，则将装糖霜的碗放进微波炉中加热4~5秒或至其黏稠度适合时取出使用。

翻糖装饰纸杯蛋糕

　　用翻糖装饰的纸杯蛋糕漂亮、整洁。用手工制作的翻糖稍微有点重，所以要注意制作时需擀薄些。在翻糖下面加一点美味的糖衣如奶油或糖霜，更添蛋糕的美味和甜蜜。

光面翻糖

1　烘焙蛋糕并冷却，用奶油或想要的其他糖衣包覆蛋糕。若糖衣冷凝，则刷一层裱花胶。

2　工作台撒上玉米粉，翻糖擀至约0.3厘米厚。

3　用一个7.5厘米的圆形剪切画刀具切翻糖。

4　将圆形翻糖放到包覆糖衣的蛋糕上。切好未用的翻糖使用前都要用保鲜膜包裹。

5　用手或翻糖光滑仪将翻糖抹平。

带花纹的翻糖

　　随着各种花纹垫的大量出现，装饰纸杯蛋糕可不费吹灰之力。有些花纹垫是纸杯蛋糕专用的，如第260页的运动球类垫。一个7.5厘米的圆形剪切画刀具适合标准的带圆顶的纸杯蛋糕。纸杯蛋糕稍不饱满或过于凸起时，翻糖也随之减少或增加。配备一套各种尺寸的剪切画刀具是很有用的。

1　烘焙蛋糕并冷却，用奶油或想要的其他糖衣包覆蛋糕。若糖衣冷凝，则刷一层裱花胶。

2　工作台撒上玉米面，翻糖擀至0.3厘米厚，将光滑的、擀的那面放至花纹垫上，擀出花纹。

3　花纹垫和翻糖翻面，将花纹垫揭下来。用7.5厘米的圆形剪切画刀具切翻糖。

4　将切下的翻糖片放至包覆糖衣的蛋糕上，切好未用的翻糖，使用前都要用保鲜膜包裹。

酥皮装饰

　　有时蛋糕上的细节需要大量时间来实现，有的还过于复杂，酥皮装饰此时可以派上用场。此法很容易手工塑形或放在有塑料膜的模具内。

1 混合制作酥皮的材料（配方在很多实体店有售），搁置，放在带塑料膜的模具内或用手工塑形。

2 塑过形的酥皮用奶油或皇家糖衣包覆，使其光滑。搁置。

3 若还要加翻糖，则刷上一层裱花胶（待奶油或皇家糖衣冷凝），用翻糖包覆或加上想要的装饰。若在酥皮外裱图案，可以直接裱在干了的皇家糖衣上（不需要刷裱花胶）。

蛋糕底座

蛋糕底座需有吸引力，但不能抢了蛋糕的风头。例如，蛋糕用白色装饰的，却安放在一个红色底座上，那样会直接看到底座而非蛋糕本身，白色底座适合白色的蛋糕。底座材料和厚度各式各样，底座必须禁得起蛋糕的重量，若底座太轻，有可能被蛋糕压垮。只简单包覆糖衣和装饰的蛋糕，用一个稍大点的底座就足矣。通常由于审美或设计的需要，蛋糕上没有足够的地方写字，底座可作为另外的装饰平面。先设计好蛋糕，再选择合适的底座尺寸。

内胆

内胆是一个厚的波状纸板，厚度通常0.6厘米～1.3厘米。用装饰锡箔装饰，这些内胆要足够坚实，做生日蛋糕或多层婚礼蛋糕的底层。

卡纸板

切好不同形状、尺寸的卡纸板用于小的、轻的蛋糕。卡纸板要用带装饰图案的锡纸包好，以免蛋糕和糖衣的水分会使其变形或削弱其支撑功能。有些卡纸板经过上蜡处理，不用再包锡纸了。不过，这些卡纸板没有包锡纸的漂亮。装饰时卡纸板也有用，很多时候，烘焙并冷却的蛋糕直接放在同等尺寸的上过蜡的卡纸板上就很好，在给蛋糕包覆糖衣时，卡纸板也包覆糖衣，如同蛋糕的一部分。这使包完糖衣的蛋糕和工作台面很干净，没有多余碎屑。

纤维板底座

这种底座比传统的卡纸板或蛋糕内胆更实用。用压缩纤维制造，可多次使用，最适用于多层蛋糕，这些底座可用装饰锡纸包裹。

装饰底座和底盘

　　蛋糕放在装饰过的底板和底盘上看起来更漂亮。可以在包覆糖衣或装饰前，将蛋糕放在上蜡的等大底座上。包覆糖衣时，也给底座包覆，好像是与蛋糕一体的。也可以在装饰好的底盘上放一些糖衣，将包覆了糖衣的蛋糕放上，加上底盘后，可加更多装饰并裱一圈花边。在切割和上桌前，从装饰好的底盘上拿起底板，使底盘不会被弄坏。

用锡纸包纸板

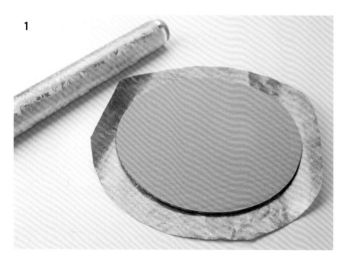

1

2

　　为纸板包上蛋糕锡纸不仅能增加靓丽颜色，同时可避免纸板被弄湿。铝制锡纸对于蛋糕底板来说不太合适，其很容易起皱并撕坏，蛋糕店有专门设计好的蛋糕锡纸。若锡纸质量不是很好，可切一块蛋糕大小的羊皮纸，用一些糖衣将其粘到锡纸包的纸板上，再将蛋糕放到羊皮纸上。

1 纸板放在锡纸上，沿周长画线，使有约3.8厘米的余量。锡纸形状与纸板形状相同，只是稍大点。不要圆形纸板却切方形锡纸，否则锡纸会起皱而显臃肿。按画线裁剪锡纸。

2 将纸板当钟一样，折起锡纸，在12:00、3:00、6:00和9:00位置贴好，这4个点首先折好，再折两点间的锡纸。

手指空间

　　平板底座粘上"脚"使手指能放在蛋糕下面，这样轻易可将蛋糕移到别处。"脚"可以是4个木头桩或其他材料，大约2.5厘米×2.5厘米×1.3厘米，1.3厘米高的"脚"使得手指伸进去的空间足够，却不会破坏蛋糕的整体形象。用强力胶粘好。若底座较大，在中心处就要增加一个"脚"来加强支撑。

翻糖装饰蛋糕底座

　　用翻糖装饰底座的蛋糕从上到下看起来都很和谐。要提前几天将底座用翻糖装饰好，使其有足够时间变硬，这样在上面放蛋糕就不会被破坏。

1 蛋糕底座用刷子刷上裱花胶。

2 翻糖揉至软。工作台上撒玉米粉，翻糖擀至0.3厘米薄，确保翻糖直径比蛋糕底座大。若需要，则加上花纹。

3 翻糖放在已刷裱花胶的底座上。

4 削皮刀垂直于底座，切去多余翻糖。

5 若需要，用胶将缎带粘到底板边缘。

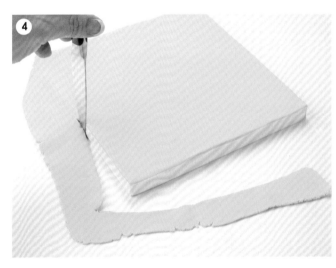

蛋糕的堆叠

在很普通的蛋糕上加几层就变成很棒的生日蛋糕了。正确地堆叠蛋糕很重要，否则会塌下来，没有支撑是不能堆叠的。层与层之间需要有薄板和定位销。若每年要做很多堆叠蛋糕，则值得投资购进精密的蛋糕支撑系统。

下面介绍的是偶尔做一个堆叠蛋糕的方法。所用平板是很薄却很结实的塑料板。选择不粘奶油的板或蛋糕板，普通的卡纸板若不包上则会吸收油脂而变得不结实。所用的定位销直径为2厘米。切割定位销时，应与糖衣的高度一致，不要高于这个高度。若切得太高，则两层蛋糕之间会有缝隙。智能标记仪虽不是必须的，但很有用，能确保两层蛋糕中心完全对齐。

1 在坚固的底盘上抹一些糖衣，将蛋糕底层放在上面。其余层要放在与蛋糕等大的塑料盘或不粘油的盘上。

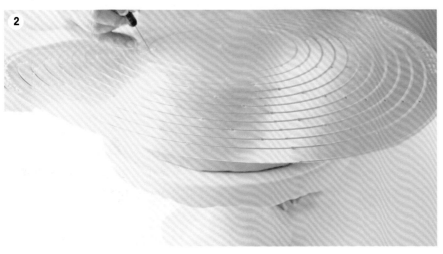

2 将智能标记仪放在底层蛋糕上表面，图中所示为20厘米的蛋糕，堆叠在上面的应是15厘米的蛋糕层。对正好位置（20厘米），找到上层堆叠层的环线（15厘米），用牙签或其他尖锐工具通过标记仪在底层蛋糕上表面做好标记。

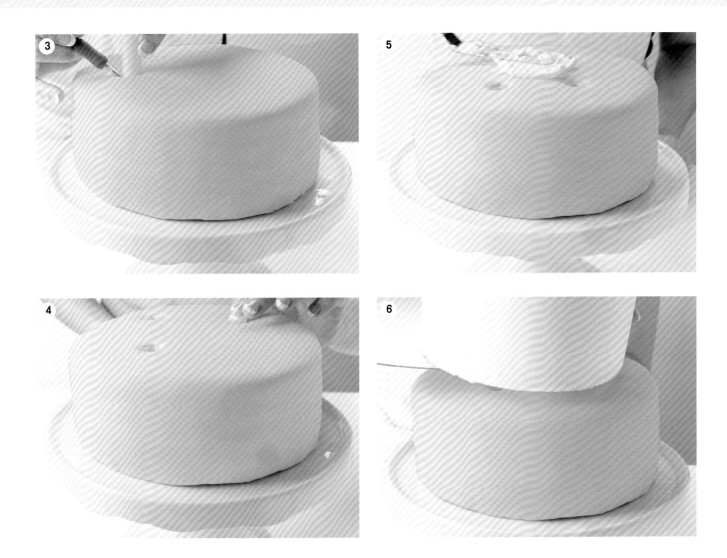

3 按照所标记的位置，将一根定位销插进已包覆了糖衣的蛋糕，定位销要靠在底盘上，记下蛋糕的高度，拿开定位销。

4 用钢锯截4根与标记的定位销同样高度的小棍，4根小棍放回蛋糕上做标记的地方。

5 蛋糕中心处抹一层糖衣。

6 将上层蛋糕放在底层蛋糕上，用智能标记仪所做记号做指导，若需要则再加一个底板。

附加支撑

大型蛋糕可不只需要4个支柱，对于35.5厘米或更大的蛋糕需要沿边缘和至少是中心部分再加一个支撑。当插进定位销时，会损失一些蛋糕，不过安全比损失一点蛋糕更重要，否则整个蛋糕就会塌掉。

蛋糕的寿命、保存与运输

所用配方不同，蛋糕的寿命和保存时间不同，下面介绍的是通用的保存和运输蛋糕的方法。

保存蛋糕

蛋糕所用的糖衣和填充物决定了该如何保存。很多蛋糕放在室温下就可以，装饰过的蛋糕要放在远离日光照射的地方，否则会褪色，因为热量能使糖衣融化。蛋糕放到蛋糕盒或卡纸板盒里能起到保护作用，在蛋糕食用前，纸盒提供了黑的遮蔽场所。制作好的蛋糕3天内食用口感最佳。若3日内不打算食用，就应考虑冷藏。加新鲜奶油填充物或新鲜水果的蛋糕，一定要放冰箱冷藏，尽快在1~2天内吃完。

冷藏蛋糕

未加糖衣的蛋糕可以冷藏或完全冷冻，其在装盒前要用保鲜膜密封。用奶油装饰和包覆的蛋糕很多时候也可以冷藏。然而，解冻后颜色将褪色，蛋糕在完全解冻后应考虑再加些颜色。翻糖不能很好地冷藏，在解冻时会结块或有小斑点出现。保留结婚蛋糕的顶层到第一个周年纪念日是一个很好的想法，但不易保存，可考虑制作一个新鲜的复制品。如果必须保存蛋糕，则将其放在不常使用的冰箱里。口感最新鲜的蛋糕，冷藏时间最长不要超过1个月。

1 蛋糕放进盒子。

2 用三层保鲜膜包好。

3 加一层铝箔，放进冰箱，最后再加一层塑料膜。

4 从冰箱里取出蛋糕，放至室温后再打开保鲜膜。

蛋糕的运输

蛋糕要放在与底座等大的盒子里，防止蛋糕在里面滑动。盒子要放在水平表面上，不要将装盒的蛋糕放在座位上，因为汽车座位倾斜，会使蛋糕装饰物掉下来或整个蛋糕滑落到座位下。大的泡沫橡胶垫或不易滑的小毯子垫都是很好的防滑物。不要让日光直射蛋糕，否则装饰物会融化或褪色。

纸杯蛋糕配方速查表

下边的配方基于制作一个标准蛋糕的量（4~6杯蛋糕糊或960~1400毫升），能烘焙约96个迷你纸杯蛋糕、24个标准纸杯蛋糕或7个超大纸杯蛋糕。相较顶部用裱花嘴裱糖衣而言，抹糖衣所用材料会少很多。若需要加更多裱花细节，则所需糖衣分量增加。下面所有的量都是约数。

纸杯蛋糕（基于一个标准蛋糕量）	馅料用量	糖衣用量：抹	糖衣用量：裱花	烘焙温度	烘焙时间
96个迷你纸杯蛋糕	1杯（250毫升）	4杯（1升）每个2茶匙（10毫升）	6杯（1500毫升）每个1汤匙（15毫升）	175℃（350℉）	8~10分
24个标准纸杯蛋糕	1杯（250毫升）	3杯（750毫升）每个2汤匙（25毫升）	4½杯（1125毫升）每个3汤匙（50毫升）	175℃（350℉）	18~24分
7个巨型纸杯蛋糕	¾杯（175毫升）	1½杯（375毫升）每个3汤匙（50毫升）	2杯（500毫升）每个4茶匙（59毫升）	175℃（350℉）	20~25分

蛋糕的周长与直径

圆形蛋糕需要决定周长与直径。加过糖衣或用翻糖包覆的蛋糕最好再测量一下，因为尺寸都将增加。例如一个20厘米的蛋糕用翻糖包覆，有可能直径到21厘米。

直径

直径是一条通过圆心的直线。很多圆形蛋糕盘都是直接量直径。一个20厘米的蛋糕盘其直径是20厘米。

周长

周长是圆周的长度。在给蛋糕包装翻糖带或给底座加装饰性缎带时，必须要知道这个尺寸。周长等于直径×3.14（或 π）。一个直径为20厘米的蛋糕周长约是62.5厘米。若用翻糖带包装，需要约62.8厘米长。

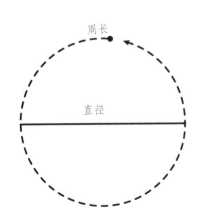

蛋糕配方速查表

下面表格内的数字和量是约数，只是大致指导，可根据客户的要求酌情增减。

片蛋糕	食用份数	蛋糕糊量	馅料用量	糖衣用量	翻糖用量
23厘米×33厘米（¼片蛋糕）	20	6 杯（1.5 升）	1 ½ 杯（375 毫升）	6 杯（1.5 升）	1 千克
28厘米×38厘米	25	10 杯（2.3 升）	2 ½ 杯（625 毫升）	8 杯（2 升）	1.7 千克
30厘米×46厘米（半片蛋糕）	36	13 杯（3 升）	3 ½ 杯（875 毫升）	10 杯（2.3 升）	2.2 千克

圆形蛋糕	食用份数	蛋糕糊量	馅料用量	糖衣用量	翻糖用量
15 厘米	8	1 ¼ 杯（300 毫升）	⅓ 杯（75 毫升）	3 杯（750 毫升）	0.5 千克
18 厘米	10	1 ¾ 杯（425 毫升）	⅔ 杯（150 毫升）	3 ½ 杯（875 毫升）	0.6 千克
20 厘米	18	2 ½ 杯（625 毫升）	¾ 杯（175 毫升）	4 ½ 杯（1.125 升）	0.7 千克
23 厘米	24	2 ¾ 杯（675 毫升）	1 杯（250 毫升）	5 杯（1.25 升）	0.9 千克
25 厘米	28	4 ¼ 杯（1 升）	1 ¼ 杯（300 毫升）	5 ½ 杯（1.375 升）	1 千克
30 厘米	40	5 ½ 杯（1.4 升）	1 ¾ 杯（425 毫升）	6 ½ 杯（1.6 升）	1.3 千克
36 厘米	64	7 ½ 杯（1.8 升）	2 ½ 杯（625 毫升）	7 ¾ 杯（1.9 升）	2 千克
40 厘米	80	11 杯（2.6 升）	3 ⅔ 杯（900 毫升）	9 ¼ 杯（2.3 升）	3 千克
46 厘米	110	15 杯（3.5 升）	5 ⅔ 杯（1.4 升）	11 杯（2.6 升）	3.9 千克

方形蛋糕	食用份数	蛋糕糊量	馅料用量	糖衣用量	翻糖用量
15 厘米	12	2 ¼ 杯（550 毫升）	¾ 杯（175 毫升）	4 杯（1 升）	0.7 千克
18 厘米	16	3 ½ 杯（875 毫升）	⅔ 杯（150 毫升）	4 ¾ 杯（1.2 升）	0.9 千克
20 厘米	22	4 杯（1 升）	1 杯（250 毫升）	5 杯（1.25 升）	1 千克
23 厘米	25	5 ½ 杯（1.375 升）	1 ¼ 杯（300 毫升）	5 ¾ 杯（1.4 升）	1.1 千克
25 厘米	35	7 杯（1.75 升）	1 ½ 杯（375 毫升）	6 ½ 杯（1.6 升）	1.3 千克
30 厘米	50	10 杯（2.3 升）	2 杯（500 毫升）	8 杯（2 升）	2 千克
36 厘米	75	14 杯（3.5 升）	3 杯（750 毫升）	9 ¾ 杯（2.5 升）	2.7 千克
40 厘米	100	18 杯（4.2 升）	4 ½ 杯（1.125 升）	11 ¾ 杯（2.9 升）	3.4 千克

烘焙温度	烘焙时间
175° C（350° F）	35～40 min
160° C（325° F）	35～40 min
160° C（325° F）	45～50 min

烘焙温度	烘焙时间
175° C（350° F）	25～30 min
175° C（350° F）	23～32 min
175° C（350° F）	30～35 min
175° C（350° F）	30～35 min
175° C（350° F）	35～40 min
175° C（350° F）	35～40 min
160° C（325° F）	50～55 min
160° C（325° F）	55～60 min
160° C（325° F）	60～65 min

烘焙温度	烘焙时间
175° C（350° F）	25～30 min
175° C（350° F）	25～32 min
175° C（350° F）	35～40 min
175° C（350° F）	35～40 min
175° C（350° F）	35～40 min
175° C（350° F）	40～45 min
175° C（350° F）	45～50 min
160° C（325° F）	45～50 min

食用份数

食用份数完全取决于蛋糕切的大小。例如，一个30厘米×46厘米的长方形蛋糕能切出54份，每份5厘米×5厘米的方形，或者切36份，每份5厘米×7.5厘米的长方形。片蛋糕是基于一层蛋糕来说的，圆形或方形蛋糕的份数基于双层。当估量烘焙蛋糕尺寸时，越大越好，吃不完总比不够吃好一些。

蛋糕糊

标准蛋糕是由4～6杯糊烘焙成的。配方表的用糊量是填一个单模5厘米高、2/3满的情况。如果糊填不满2/3，那么烘焙出来的蛋糕就过薄了。

馅料

馅料用量根据填充物不同而有很大变化。配方表的用量是按照填充很薄一层的糕点馅定出来的。若填充厚的、松软的填充物，如奶油，则所需用量就要双倍。

糖衣

糖衣用量是根据本书介绍的用奶油来包覆蛋糕的用量。根据黏稠度、厚度或是否有其他成分，其用量也不同。糖衣用量包括裱花边或只裱装饰件。片蛋糕所用量是基于一层的，圆形和方形蛋糕所用量是基于双层的。

翻糖

所用翻糖量是只包括包覆蛋糕的，不包括其他装饰。此用量根据翻糖厚度的变化而不同。

裱花技巧

蛋糕装饰最基本的技巧包括怎样充裱花袋，正确手持裱花袋和裱简单的形状。本部分内容包括大量基本裱花技巧，如裱花、裱花边、写字。还有些相对复杂的用在很多特殊场合的蛋糕装饰技巧，高级的装饰技巧包括刷子装饰、用糖作画、线条装饰、蕾丝装饰和延伸装饰。

使用裱花袋、裱花嘴及裱花嘴转换器

　　裱花嘴可直接与裱花袋连接，也可通过裱花嘴转换器与裱花袋连接。当需要不同的裱花嘴时，可使用裱花嘴转换器更换不同的裱花嘴而不用换新的裱花袋。

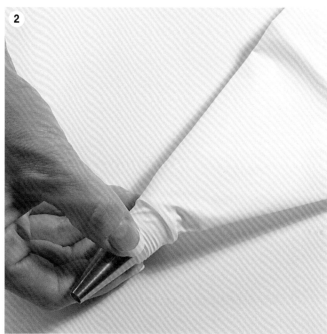

装带有裱花嘴转换器的裱花袋

1 剪开可多次使用的裱花袋或一次性裱花袋，把裱花嘴转换器装进裱花袋，让裱花嘴转换器底部露出1~2个螺纹线，拉紧裱花嘴转换器使其牢固。

2 将裱花嘴装在裱花嘴转换器底部。

3 拧紧裱花嘴转换器顶部，使裱花嘴牢固地与裱花嘴转换器连在一起。

装裱花袋

1 裱花嘴放进裱花袋，拉至底部。裱花袋也可装裱花嘴转换器，见前页。裱花袋翻折过手，形成袖口形，折边5～7.5厘米。

2 用勺舀糖衣放进袋子，量约为袋子的一半。裱花袋所装糖衣越多越不好控制。

3 展开袖口，用拇指和其余手指挤压袋子，将糖衣挤至袋子底部。

再次添加

每次加糖衣时，会有空气进入。在裱花前，先挤出进入的空气，否则大气泡会破坏裱花。

4 在裱花袋上部糖衣处拧上，为更安全，可加一个橡胶带或糖衣袋结扎紧，防止糖衣从顶部冒出来。

制作圆锥形羊皮纸袋

用预先裁成三角形的羊皮纸可制作成裱花袋，这些袋子既轻，价格又便宜，一次性使用。若圆锥形羊皮纸袋做好了，当需要圆形口时可不用装裱花嘴，只需将圆锥形尖端剪成所需尺寸的圆形即可。

1 三角形的三个角用A、B、C标记。

2 A角折起至B角位置，卷起呈圆锥形。

3 C角折起至B角，保持圆锥形，圆锥形的顶点是密封的，对齐三点。

4

6

5

7

4　A角和C角各自越过B角，形成W形，确保圆锥接缝处重叠。锥底顶点保持密封，可移动A角和C角以保证顶点密封。

5　各角折进袋子，使其更牢固。

6　顶部剪去，要足够大，能使裱花嘴的1/3露出来。

7　裱花嘴放进袋子，窄的一端先放。若超过1/3的裱花嘴露出来，则在裱花时裱花嘴有可能掉落。

用胶带粘

　　如果在装袋时不能很好地保持密封的顶点，羊皮纸裱花袋的缝隙可以用胶带粘上。

给圆锥形羊皮纸袋充糖衣

1 手持锥形羊皮纸袋装半满糖衣。

2 用拇指和其他手指挤压袋子，将糖衣挤至底部。

3 先将左边折起，再折右边，然后从中间向下折，继续折至糖衣处。

防止变干

不用的裱花嘴和裱花袋中的糖衣会变硬并凝结。所以若不用，最好将装了糖衣的裱花袋用湿布包好，裱花嘴也包好。

当裱花袋呈45°角位置时，应在平面和竖直之间的部位。45°角位置通常在裱花边、写字、一些花朵和周边设计时用。

90°角位置通常在裱星形、球形、一些花朵和数字时用。

持裱花袋

通过本书讲述，会指导读者在不同角度裱花。通常情况是45°和90°位置。为控制糖衣量，用常用手持裱花袋，用另一只手食指指尖辅助移动。一边移动一边挤袋子里的糖衣。

挤压裱花袋的力度也是裱花是否成功的重要因素。压力大小根据所裱内容不同。但很多时候，持续用力很重要。上图是用10#裱衣嘴在轻压、中压和重压下所形成的小圆点。

裱花嘴的使用

　　裱花嘴材质多样，不锈钢材质的裱花嘴能产生尖锐的明快的线条。精致的塑料材质裱花嘴可作为金属材质的替代，因为金属的易生锈。用专用裱花嘴清洁刷来清洁裱花嘴。清洁后的裱花嘴要完全干燥，以防止生锈。确保所买的裱花嘴上没有缝隙，这样可使裱出的糖衣轮廓清晰。

圆形裱花嘴

　　圆形裱花嘴应用在各种裱花中。圆形口可用于线条、枝干、流线（一种随意的、连续曲线）、旋线、点、球、写字、线条装饰、蕾丝装饰、数字裱花、用糖作画、花芯和点状花边。大的圆形裱花嘴如2A#和1A#用于向纸杯蛋糕上又快又干净的裱花。圆形裱花嘴应用如此之多，备齐所有尺寸无疑是很实用的。

　　若用小开口的裱花嘴，砂糖过筛很重要。筛孔要很细小。若裱花嘴被堵，用直针可通开，不过针有可能会损伤裱花嘴。用针通开也只是暂时的解决办法，结块只是被捅回糖衣，还是要再落回到裱花嘴的，所以砂糖最好过筛。

星形裱花嘴

　　星形裱花嘴用于裱花边、星形花朵、玫瑰花形装饰物和向蛋糕内填充，有开放星形和封闭星形两种。长的星形有可能被破坏或轻易就折弯了。清洁和储存时要注意别把伸出来的长爪弄弯，大的星形裱花嘴如1M#用于纸杯蛋糕上的裱花。

花形裱衣嘴

　　花形裱花嘴看起来与星形的很像，只不过中心有一个柱形。柱形会使裱出的花形成中间空、周边满的花瓣样式。

叶形裱花嘴

　　叶形裱花嘴用于裱花瓣、叶子和点状。叶子裱花嘴呈V形，如352#和366#。裱出的叶形顶点很精致。

花瓣与褶皱形裱花嘴

　　花瓣与褶皱形裱花嘴呈长泪滴形，能裱出很多可爱的玫瑰花瓣、扇形花瓣、康乃馨和简单的褶皱。不同的花瓣裱花嘴包括卷曲玫瑰花瓣和S形玫瑰花瓣等。

其他形裱花嘴

　　其他形状的裱花嘴有很多应用。例如，几个圆开口裱花嘴可用于裱音乐小节线。菊花裱花嘴呈U形，可裱出长杯形花瓣。特殊用途裱花嘴包括快速裱花789#和Bismark230#，用于填充纸杯蛋糕。

　　很多公司的裱花嘴套装都包括很多尺寸和形状，一般是3~4种到上百种。下面介绍的是初学者很实用的套件。

Bismark #230

快速裱花嘴 #789

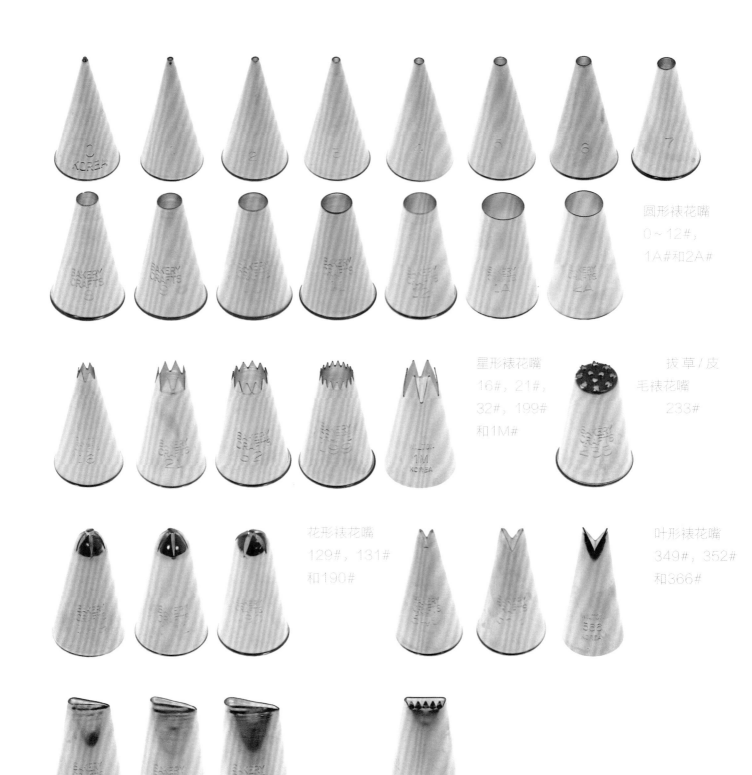

圆形裱花嘴
0～12#，
1A#和2A#

星形裱花嘴
16#，21#，
32#，199#
和1M#

拔草/皮
毛裱花嘴
233#

花形裱花嘴
129#，131#
和190#

叶形裱花嘴
349#，352#
和366#

花瓣裱花嘴 102#，103#和104#

编织裱花嘴 47#

裱花基础

裱花嘴保持清洁很重要，本章所用的裱花嘴为标准尺寸，有很多其他尺寸的裱花嘴本章并未涉及。

1

3

2

球形

球形可用于裱简单的花边、花芯、数字和点。

1 持裱花袋呈90°角，置于平面之上。

2 挤压裱花袋裱一个圆点。在糖衣流到裱花嘴周围时保持裱花嘴稳定不动。继续挤压裱花袋，使圆点尺寸达到想要的大小。停止挤压，提起裱花袋。

3 若圆点裱好后形成小顶峰，则在其冷凝前用食指指尖轻压，将峰顶压平。

星形

　　星形裱花嘴用于裱简单的装饰件或花朵，在星形中心处裱一个点即变成花朵。星形裱花嘴的开口决定了所裱星形的大小。若用稍大的力挤压裱花袋，则星形就会大些，但这些星形看起来有些稀松，没有精致的点。想要裱大点的星形，可用大的裱花嘴。星形通常还用在模具烘焙的造型蛋糕上，裱出紧密的星形盖住蛋糕表面。

1 持裱花袋呈90°角，置于平面之上。

2 挤压裱花袋裱一个星形。

3 继续挤压裱花袋，使星形达到想要的大小，裱花袋在星形形成前不要提起来。停止挤压，提起裱花袋。

4 在裱相连的星形时，星形要紧挨着以免有空隙。在前两个星形间加星形，这样能使间隙最小。

1

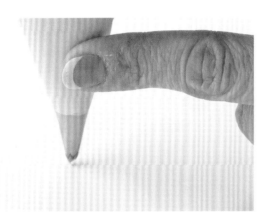

3

2

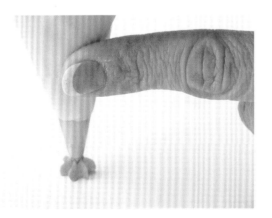

4

星形包覆的蛋糕

　　型号为16#星形裱花嘴在造型蛋糕上很好用。用大型号的裱花嘴来裱花会节省很多时间，如21#，不过大的星形看起来不精致。

各种叶子

裱花嘴的形状、手持的角度及裱花所用时间，这些因素都影响叶子最后的外观。

1 持裱花嘴呈45°角，裱花嘴的一个支点要与工作台面接触。

2 间歇地挤压裱花袋形成叶子。

3 逐渐减少挤压力量，提起裱花袋，停止挤压。

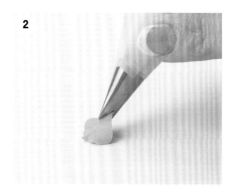

叶子要想有褶皱纹理，在挤压时裱花袋要稍稍上下移动，这样可产生褶皱。

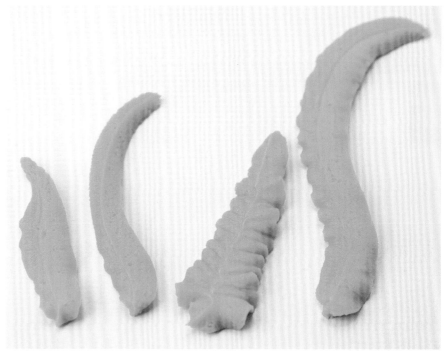

同一型号的裱花嘴能裱出不同长度的叶子。一边持续挤压裱花袋，一边拉裱花嘴，可以裱出长叶子。

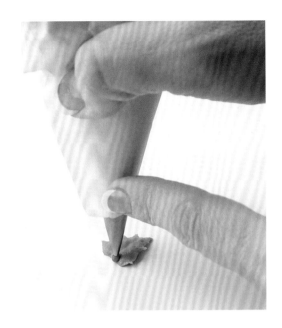

冬青叶

　　冬青叶是用叶形裱花嘴制作的。糖衣加少量水使其变软，在叶子上拉出点来比较容易。

1 先裱出一个叶子形。

2 裱花嘴靠在工作台面上，轻轻推进裱好的叶子里，再向外拉出点来。

3 用4#圆形裱花嘴裱出几个浆果。

皮毛/头发/草

1 持裱花嘴呈45°角，裱花嘴的一个支点要与工作台面接触。

2 间歇地挤压裱花袋形成皮毛。

3 继续挤压裱花袋，裱出想要的尺寸。停止挤压，提起裱花袋。

4 裱一排相临近的皮毛时要紧挨着，免得有缝隙。

若给蛋糕裱皮毛，从底部开始裱一圈，裱第二圈时比第一圈稍长，裱出的长度要盖过第一圈的起始点。

保持干净

为得到更细的皮毛股，裱花嘴保持干净很重要。很多金属材质的草形裱花嘴的小细洞孔周围有突起，这些突起很难使金属裱花嘴的底部干净。塑料材质的裱花嘴没有突起，比较容易保持干净。

草

1 将裱花嘴垂直于台面。

2 间歇地挤压裱花袋形成草。

3 继续挤压裱花袋，裱花嘴向上提起。

4 停止挤压，提起裱花袋。裱的草要紧挨着，免得有缝隙。

1

3

2

4

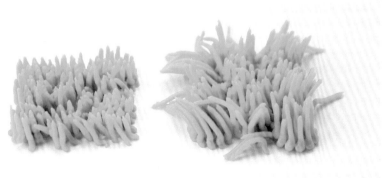

草的长度和形态可有各种式样。裱长草时要稍加力挤压，在拉长草时要用持续的力。

曲线/细线

圆形开口的裱花嘴用来裱线条、曲线和茎。

1 持裱花嘴呈45°角。

2 挤压裱花袋释放糖衣，裱花嘴与台面接触，然后用持续的力将糖衣挤到台面上。

3 用持续压力裱细线或曲线，使糖衣从裱花袋顺畅地流出来。不要在蛋糕表面拖拉裱花嘴。

4 停止挤压，裱花嘴接触工作面，完成最后曲线。

压力

若挤压用力过大，则线条会产生波状或环状。若裱花过程中线断了，可能由于所用挤压力不够或移动裱花袋过快。

编 织

用编织裱花嘴裱花会产生很漂亮的编织效果。星形裱花嘴也可用来裱编织形。

1. 裱一条竖线，长度是要覆盖的区域长。

2. 再裱短的水平线，压在竖线上，每条水平线间留有裱花嘴的宽度。

3. 用另一条竖线裱在水平线的一侧形成封闭。

4. 在已编织好的空白处开始裱下一组水平线，持裱花嘴从第一条竖线开始，压住第二条竖线裱出各条水平线。

5. 重复这个步骤直至裱出所需大小。

1

3

2

4

5

编织的图案根据裱花嘴的形状而变化，左图的是用16#星形裱花嘴裱制。

有些编织裱花嘴两边都有突起，另一些则一边光滑一边有突起。右图是用47#裱花嘴裱制。光滑一边的用于裱竖线，有突起的用于裱水平线。

1

3

2

4

褶皱花边

1 将玫瑰花瓣裱花嘴宽头靠在蛋糕表面，窄头稍有角度向上抬起。

2 裱花袋加压力。

3 继续加压，裱花嘴宽头继续接触蛋糕，手腕上下移动使挤出的糖衣卷曲。

4 沿着蛋糕裱出褶皱花边。

花环弯成弧形，可形成垂饰。

防止结块

　　细裱花嘴，如1#会很容易结块。混合皇家糖衣时，砂糖一定要完全过筛以免结块。若结块，可用细针仔细地疏通。

科尔内力线

科尔内力线花边是一种裱花技巧，整个图案由一条不中断的蜿蜒的曲线构成。这些线条不应接触或相交。

1 裱花袋与工作面呈45°角。

2 挤压裱花袋，使糖衣流出，裱花嘴接触工作台面，糖衣垂直落在工作台面上，裱出弯曲的线条。

3 继续裱出曲线，不要让线条重叠。将需要裱花的地方都画好，整个面积都铺满后，不要再给裱花袋加压力并将裱花嘴提起。

索塔线

在蛋糕装饰中将细曲线缠绕在一起称为索塔线。用这种技术来为某一特定区域加纹理或作为一种完全重叠的组织结构覆盖在翻糖蛋糕上。

1 裱花袋与工作面呈90°角。

2 挤压裱花袋，使糖衣流出，裱花嘴接触工作台面，糖衣垂直落在工作台面上，裱出弯曲的线条。

3 将裱出的线重叠，并彼此靠近来裱出图案。

稀释

糖衣可以稀释，使其更容易从裱花袋里流出。但不要加水太多，否则会使糖衣混合在一起。一点点水即可，可使其达到所需要求。

裱花边

裱花边是蛋糕装饰的最后一个步骤，使蛋糕看起来更专业。有几款简单又经典的花边很容易掌握。将蛋糕置于旋转台上，这样裱出来的花边均匀、连续。裱圆形蛋糕花边最开始的位置，先将蛋糕设想成钟表，然后从3点钟位置开始。裱长方形蛋糕花边，则从一个角开始，手沿着蛋糕边移动，用力要稳定，均匀。

每条花边的尺寸和形状由裱花嘴决定。例如，有超过40种星形装饰裱花嘴，用21#星形裱花嘴裱出来的贝壳花边外观和用199#星形裱花嘴所裱出来的大不一样。本章中所用的裱花嘴为普通尺寸的。想裱小巧玲珑的花边，则用开口小一些的裱花嘴。见P84页关于裱花嘴来决定所用形状和尺寸。

若裱出来的花边大小不一，则看起来很不专业。在蛋糕装饰练习板或平的烘焙盘背面练习使用持续的压力，然后再往蛋糕上裱花。

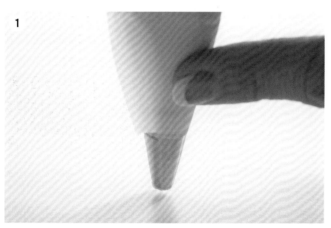

点状花边

点状花边使蛋糕看起来干净、简单。点是由圆形开口的裱花嘴裱制。图中显示的是10#裱花嘴。

1 开始时裱花嘴与工作面呈90°角。

2 挤压裱花袋裱一个小点，稳定地持裱花嘴，使糖衣在裱花嘴周围形成一小堆。继续挤压裱花袋直至小圆点达到所需尺寸。停止挤压抬起裱花袋。

3 继续一个接一个地裱小圆点，保持压力一致。

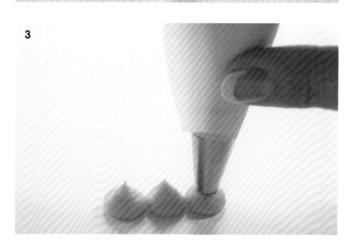

4

4 若小圆点上面有小顶峰，用手指轻轻地压一下，一定要在冷凝前压平。

星形花边

　　星形花边同点状花边看起来效果相似。星形花边用星形裱花嘴裱成。图中所示的为18#裱花嘴。

1 开始时裱花嘴与工作面呈90°角。

2 挤压裱花袋裱星形。

3 继续挤压裱花袋直至星形达到所需尺寸。裱花袋在星形形成前不要提起来。裱好停止挤压并抬起裱花袋。

4 继续一个接一个地裱星形，保持压力一致。

1

3

2

4

玫瑰花结花边

与点状花边和星形花边相比，玫瑰花结花边是一种雅致的花边。玫瑰花结花边用星形裱花嘴裱制。图中所示的是18#裱花嘴。

1 开始时裱花嘴与工作面呈90°角。

2 挤压裱花袋裱星形，直至星形达到所需尺寸。

3 继续挤压裱花袋的同时，提起裱花袋，将裱花袋移至9：00位置（用左手则为3：00位置）。

4 继续逆时针方向绕着星形挤压裱花袋。

5 在12：00位置，停止挤压并将糖衣尾部拉回到9：00位置（若左手则3：00位置），移开裱花嘴。

6 一个接一个地裱玫瑰结花边。

1

2

3

4

5

6

1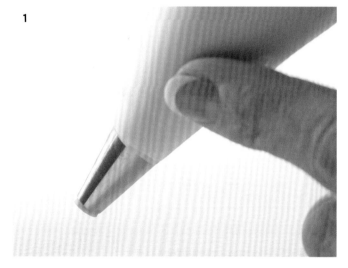

4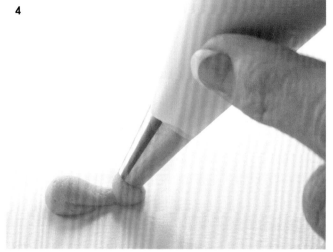

2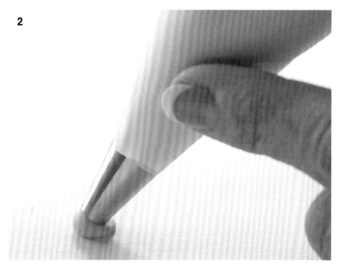

5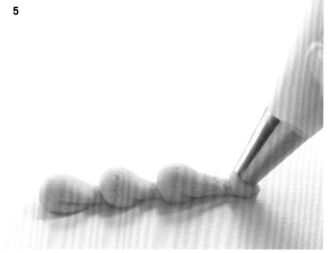

3

泪滴花边

泪滴花边是由圆形裱花嘴裱出一排泪滴而形成。图中所示的是用10#裱花嘴裱制。

1 裱花袋与工作面呈45°角，几乎接触到工作面。

2 挤压裱花袋裱出一个小球状。

3 逐渐释放压力，拖裱花嘴裱出一个泪滴形。停止挤压抬起裱花袋。

4 在前一个泪滴后边开始裱下一个泪滴。

5 继续裱出泪滴，保持压力一致。

贝壳花边

　　贝壳花边是蛋糕装饰中较流行的一种，由星形裱花嘴裱出一列贝壳形构成。图中所示的是18#裱花嘴。

1　裱花袋与工作面呈45°角，几乎接触到工作面。

2　裱花嘴轻微地向前移动时挤压裱花袋。

3　返回到开始位置，逐渐地释放压力，拖裱花嘴形成贝壳。停止挤压拿开裱花嘴。

4　在第一个贝壳的尾部开始第二个，重复步骤2、步骤3。

5　继续裱贝壳形，直至花边完成。

3

1

4

2

5

1

"之"字形花边

用星形裱花嘴裱制此经典花边。这款花边的设计根据所裱的形态而变化，可以将点挨在一起，也可以拉长点之间的距离。图中所示的是18#裱花嘴。

1 裱花袋与工作面呈45°角，几乎接触到工作面。

2 裱花嘴向前移动时用一致地挤压力挤压裱花袋形成"之"字形。

3 花边完成，停止挤压拿开裱花嘴。

2

3

绳状花边

绳状花边用于西方主题的蛋糕。用它裱编织时也很可爱，可用星形裱花嘴裱出。图中所示的是18#裱花嘴。

1

4

2

5

3

6

1 裱花袋与工作面呈45°角，几乎接触到工作面。

2 持续挤压裱花袋裱出一个U形。

3 裱花嘴底部插入裱好的U形拐弯处。

4 用最小的力挤糖衣，超过U形的终点，直至形成另一个U形。

5 重复步骤3、步骤4。

6 继续裱花直至整个花边完成。

问号花边

问号花边是一款用星形裱花嘴裱制的精致花边。这款花边的设计根据所裱的形态而变化，既可将问号紧挨着，也可将问号间拉大距离。图中的是18#裱花嘴。

1

2

3

4

5

1 裱花袋与工作面呈45°角，几乎接触到工作面。

2 用力挤一下糖衣到工作面上。

3 再继续轻轻地挤压裱花袋裱出侧向的问号，以弯曲的尾部结束。不要释放压力。

4 继续挤压，在上一个问号尾部稍前一点，然后向前移动形成第二个侧向问号。

5 继续裱花直至整个花边完成。

C形花边

　　C形花边同问号花边一样，只不过是反向的。这款花边的设计根据所裱的形态而变化，既可将侧向C字排得紧密些，也可排得稀疏些。

1

3

2

4

1 裱花袋与工作面呈45°角，几乎接触到工作面。

2 用力挤一下糖衣到工作面上。

3 再继续轻轻地挤压裱花袋裱出侧向的C形，以弯曲的尾部结束。不要释放压力。

4 继续挤压，在上一个C形尾部稍前一点，然后向前移动形成第二个侧向C形。

5 继续裱花直至整个花边完成。

5

反向卷花边

反向卷花边用星形裱花嘴裱制，其混合了C形花边和问号花边。图中的是18#裱花嘴。

1 裱花袋与工作面呈45°角，几乎接触到工作面。

2 用力挤一下糖衣到工作面上，裱出侧向的C形，以弯曲的尾部结束。

3 再继续挤压裱花袋，在上一个C形尾部稍前一点，然后向前移动形成一个侧向问号。

4 裱出交替的C形和问号图案完成花边。

增强形花边

混合不同的花边可以设计出更精致的花边。

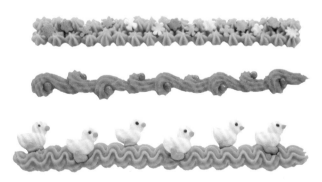

可用出售的可食用的糖珠、花或装饰件增强花边观赏性。

写字

　　蛋糕上写字既可为其添彩，也会减色。写的字漂亮会让蛋糕增色不少，但若写出的字混乱或线条不匀称则会让蛋糕大大减分。掌握写字技巧需要练习，本章将讲述用图案转换方法完成完美的写字效果。在写字前使奶油完全冷凝，否则字母颜色会散开。若可能，在加其他装饰前就把字写好，这样可在字周围加花朵或造型。用1#或2#裱花嘴写细线条字，用大的圆形开口裱花嘴写出来的字不精致。

裱字母

1　裱花袋与工作面呈45°角，几乎接触到工作面。或者垂直工作面提起裱花袋挤压。

2　继续稳定地挤压并裱字母，使糖衣自然地从裱花袋流到工作面上。不要在蛋糕表面拖拉裱花嘴。

3　裱花嘴触碰工作面并停止挤压。

1

完美书法

· 糖衣稍稍用几滴水稀释，这样更容易从细孔眼中流出。

· 若徒手裱字母，很难使裱出的字母上下平齐。在刚用翻糖装饰或奶油已冷凝的蛋糕上，用尺子和牙签画出点或线条来定位，按画出的标记裱字。

· 可先在一张纸上先练习写，这样就会知道要用多大的空间。

2

3

奶油上印图案

各种语言的图案均有售，或者也可用字母压贴。在压字母前一定要让奶油完全冷凝。

1 待奶油冷凝，字母压进蛋糕。

2 拿开图案贴。

3 在压出的字母上裱字。

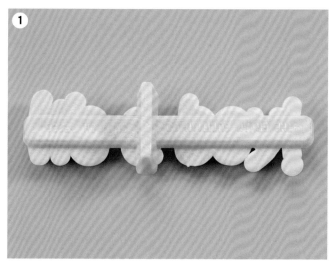

翻糖上印图案

在蛋糕刚用翻糖包覆后就应尽快印图案，这一点很重要，否则时间久了字母压入会使翻糖破裂。

1 在刚刚包覆翻糖的蛋糕上压印字母。

2 拿开图案贴。

3 在压出的字母上裱字。

另一种方法是用干的毛刷蘸上喷色，浸染字母，将字母印在翻糖上。在正式往蛋糕上裱字前先用一小块翻糖练习下。

1

HAPPY
BIRTHDAY

2

在翻糖上转移图案

这个方法只适用于翻糖包覆的蛋糕，而且要求翻糖形成稳定的半硬的层。翻糖放置几小时或一晚上形成该层。

1 用理想尺寸打印出要表达的文字。

2 用无毒铅笔在其背面拓印出字母。若字母太轻不好辨认，将其放在有光的盒子上或白天时放在窗户上。

3

3 将文字放在半硬的翻糖蛋糕上，轻轻用铅笔摩擦上面的文字。注意纸别窜动。

4 拿开纸。铅笔会在蛋糕上留下不太清晰的字母轮廓，可以顺着大致轮廓裱字母。

4

裱简单的花

　　本章中讲述的花朵较容易裱制，精致且能作为拾遗补阙的花。在用奶油做糖衣时，可直接裱到蛋糕上。皇家糖衣则应先在羊皮纸上做好，搁置几小时，变硬些再放进容器，这些花能保存几个月之久。

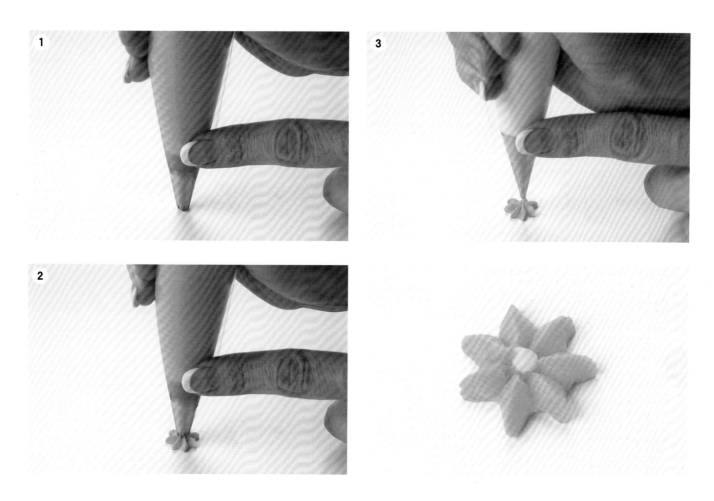

星形花

1　裱花袋与工作面呈90°角，与工作面接触。

2　挤压裱花袋裱一个星形，继续挤压裱花袋至所需尺寸。星形生成后再移开裱花袋，停止挤压并提起裱花袋。

3　用对比色在星形中心加一个小点。

1

3

2

4

落花

1 裱花袋与工作面呈90°角，与工作面接触。

2 裱花嘴一边转动90°角一边挤压裱花袋，裱花嘴一直接触工作面。

3 继续转动裱花嘴并挤压裱花袋。花朵足够大时，释放压力并向上提起裱花嘴，快速抖动使糖衣断开。

4 用对比色在星形中心加一个小点。

轮廓分明的花瓣

对于大多数轮廓分明的花瓣，加压和转动同时进行很重要。对于有褶皱饰边的花瓣（见图），可使用黏稠些的奶油，而对于光滑的花瓣，则可用水稍微稀释下。

复杂的花朵

　　本章讲述的花需要经过练习才能掌握。图中介绍的花是用奶油制作的，大部分花也可以用皇家糖衣制作。奶油制作的花可提前几天制作，皇家糖衣制作的花可提前几个月制作。保存这些花可放在宽松的密封盒子里，室温下存放。根据所裱花朵不同糖衣的黏稠度也不同。有些花如康乃馨，花瓣边缘粗糙不平，这样的就要用黏稠些的糖衣。若需要从头开始制作奶油糖衣或皇家糖衣，想要黏稠度高些可少加水。若奶油糖衣或皇家糖衣已经是成品，则可加些砂糖。光滑边缘的花朵黏稠度要适中。

使用花钉

　　本章中大部分花都需要用花钉。花钉是用手指控制的最小的旋转台，能使流出的糖衣连续。

1 加一滴糖衣到花钉上，贴上一小块羊皮纸。

2 用食指和拇指捏紧花钉，旋转一下就能自然转动。在花钉上裱所要的花。

3 将羊皮纸取下放在盘子里，自然晾干。

4 当花干了，将抹刀利刃面放在花下滑动将花移走，
再将花放到蛋糕上。

4

若裱完的花马上就要用，则直接将其裱到花钉
上，并用花移取器或薄抹刀移动。

玫瑰

1 将装了裱花嘴转换器的裱花袋装满糖衣。持裱花袋与
花钉面呈90°角，轻触工作台面。加大压力，再减
少压力同时上提，形成一个球形。

2 裱花嘴转换器换104#裱花嘴。转动花钉，玫瑰花形
裱花嘴的宽边向下，轻轻地将裱花嘴放进球形，进
到球形一半的位置扭一个螺旋。继续转动花钉，在
第一个螺旋的上面再形成一个螺旋。

1

2

制作玫瑰花

在玫瑰花形的裱制过程中，花钉的转动方向决定了花瓣是向前还是向后旋动。不要将裱花嘴前后移动，
而只是上下移动。

3

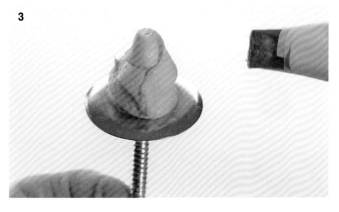

4

5

6

7

8

3　继续挤压裱花袋，将螺旋的底部拉向球形底部。停止挤压，抬起裱花嘴。

4　转动花钉裱一个花瓣。花瓣是轻推裱花嘴的宽边靠近球形，挤出一个拱形形成的。花瓣的高度应几乎与球形中心一样高。裱第2个花瓣，与第1个花瓣重叠。

5　裱第3个花瓣再与第2个花瓣重叠。玫瑰花此时有3个重叠的花瓣。

6　再制作5个花瓣，从底部开始的花瓣用裱花嘴宽边向下而窄边稍向外。

7　继续转动花钉裱花瓣，每片花瓣都应重叠。

8　传统的玫瑰花里层花瓣有3个，中层花瓣有5个，外层花瓣有7个。

玫瑰花蕾

1 裱花袋装103#裱花嘴并装满糖衣。裱花袋与工作台呈45°角，玫瑰花形裱花嘴宽边轻触台面，用爆发性力挤出糖衣，继续挤压的同时，裱花嘴稍向左移动。再继续加压力，同时裱花嘴稍向右移动。释放压力并突然提起裱花袋使糖衣断开，即可形成花蕾的基础。花蕾应是有条小缝隙的圆球形。

2 裱花嘴放在工作台面上，探进圆球的缝隙中，挤压裱花袋并将裱花嘴移开离花蕾约0.6厘米。

3 继续挤压裱花袋并将裱花嘴放回到花蕾的中心，轻触花蕾。停止挤压移开裱花嘴。

4 裱花袋装绿色糖衣，用2#裱花嘴，从花蕾底部开始并加爆发力，继续挤压裱茎。在花蕾底部周围加花萼。裱花袋加绿色糖衣，装349#裱花嘴，在茎上加叶子。

1

2

3

4

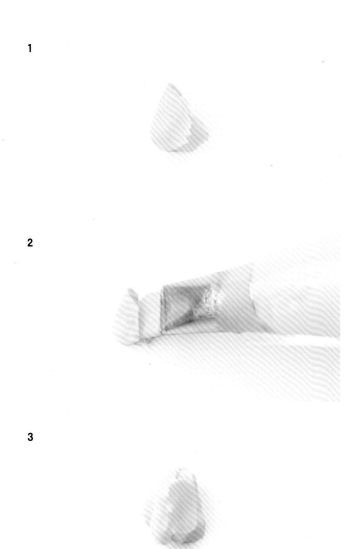

花蕾应是中空的，在步骤1裱一条缝隙，步骤2和3将此缝隙包裹上。

1

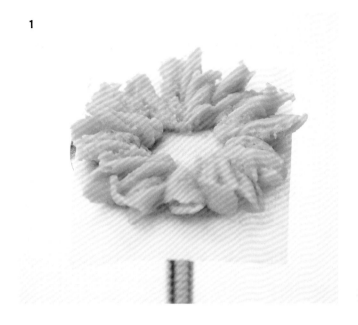

3

2

4

康乃馨

1 裱花袋装103#裱花嘴，装满黏稠的糖衣。用少量糖衣将一小块正方形的羊皮纸贴到花钉上，持裱花袋呈45°角，让玫瑰形裱花嘴宽边接触花钉，手腕快速上下移动，围绕花钉周边制作出带小褶皱饰边的花瓣。

2 在第1层里面再制作一层带褶皱的花瓣。第2层花瓣要比第1层的短些且稍有角度立起。

3 从中心部位开始，加第3层短而带褶皱的花瓣。

4 加上一层短的、立起来的小花瓣，添满花心。

菊花

1 将裱花嘴转换器装在裱花袋上，装满糖衣，不要加装饰裱花嘴或裱花嘴转换器环。用少量糖衣将一小块正方形的羊皮纸贴到花钉上，在花钉中心处裱一个小球。

2 裱花嘴转换器上装81#裱花嘴，将裱花嘴弯曲部分靠在花钉上并插入球中，挤加裱花袋并向花钉边缘轻拉裱花嘴。停止挤压并拉断糖衣。继续在球的周围裱花瓣，裱出的花瓣应紧挨着。

3 在第1层之上裱第2层花瓣，这些花瓣应比第1层短些，且稍与第1层呈一定角度。

4 继续裱其他层花瓣，每一层都应比前一层花瓣短，且稍与前一层呈一定角度。

5 花心处的花瓣应直立着。

1

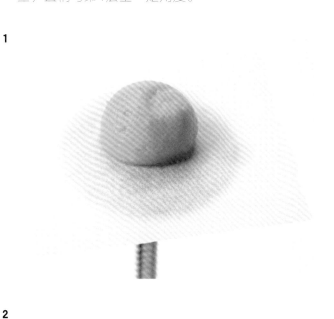

2

3

4

5

苹果花

1 裱花袋装102#裱花嘴并装满糖衣。用少量糖衣将一小块正方形的羊皮纸贴到花钉上，在花钉中心处裱一个小球作为花瓣中心参照。

2 裱花嘴的宽边搭在花钉中心，窄边应与花钉有一个小的角度。轻轻转动花钉，挤压裱花袋并向花钉边缘移动裱花嘴约1厘米。稍微转动花钉使花瓣卷曲。持续挤压裱花袋，使花瓣卷曲并转回到中心，

沿着1厘米线。在裱扇形花瓣时，裱花嘴角度不应变化，宽边应不离开花钉。裱出的花瓣应是泪滴形而不是弧形。

3 同样方法再裱4个花瓣，后一片花瓣要从前一片花瓣之下开始。

4 用1#裱花嘴在花心处裱些点表示花蕊。

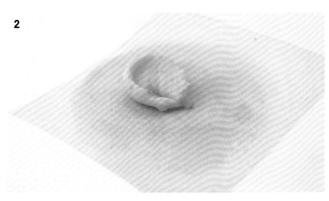

这类花可以通过变换尺寸、颜色和花蕊而各具形态。

雏菊

1 裱花袋装101S#裱花嘴并装满糖衣。用少量糖衣将一小块正方形的羊皮纸贴到花钉上，持裱花袋，玫瑰花形裱花嘴的宽边轻触花钉。

2 裱花嘴的宽边搭在花钉中心，窄边应与花钉有一个小的角度。挤压裱花袋并向花钉边缘移动裱花嘴约1.3厘米。稍微转动花钉使花瓣卷曲。持续挤压裱花袋，使花瓣卷曲并转回到中心，沿着1.3厘米线，裱一片长扇形花瓣，此时，角度不应变化，且裱花嘴宽边应不离开花钉。

3 继续裱花瓣，要紧密地挨着，每片都要在中心处结束。后一片花瓣要压在前一片花瓣之上。

光滑边缘

如果花瓣边缘过于粗糙，则向奶油中加水稀释。注意别加太多水，否则花瓣会糊到一起。

4 裱剩下的花瓣。当裱最后一片花瓣时，从第一片花瓣下开始，而在前一片花瓣上结束。

5 裱花袋装满糖衣，装233#裱花嘴。持233#裱花嘴放在雏菊中心，呈90°角。用爆发力挤压糖衣袋。停止挤压并移开裱花袋。

6 待雏菊花心的小顶峰冷凝，再用手指平复。

1

2

3

4

5

6

黄水仙花

1 裱花袋装103#裱花嘴并装满糖衣。用少量糖衣将一小块正方形的羊皮纸贴到花钉上，在中心裱一个小球作为花瓣中心参照。裱花嘴的宽边搭在花钉中心，窄边应与花钉有一个小的角度。挤压裱花袋并向花钉边缘移动裱花嘴约1厘米。稍微转动花钉使花瓣卷曲。持续挤压裱花袋，使花瓣卷曲并沿着1厘米线转回到中心。裱一片扇形花瓣时，角度不应变化，且裱花嘴宽边应不离开花钉。裱出的花瓣应是泪滴形而不是弧形。

2 同样方法再裱5片花瓣，后一片花瓣要从前一片花瓣之下开始。

3 裱花袋装2#裱花嘴并装满糖衣。持2#裱花嘴放在黄水仙中心，呈90°角。用爆发力挤出糖衣，再用持续压力裱一片螺旋形花瓣。

1

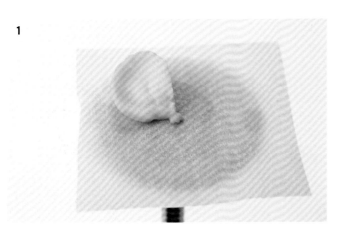

2

3

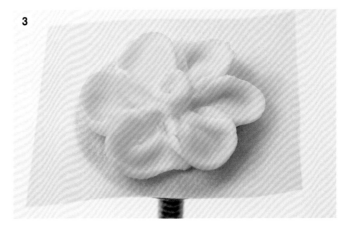

4

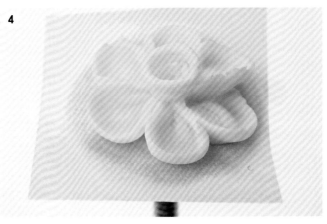

5

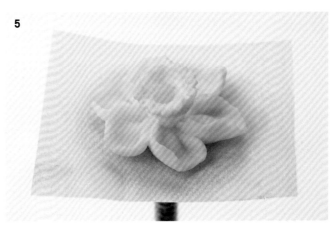

4 继续用均衡压力裱出加宽的螺旋状圆锥形。

5 裱花袋装满糖衣，装1#裱花嘴。持1#裱花嘴放在雏菊中心，呈90°角。绕圆锥形在其上裱一条起伏线。在花冷凝前，捏每一片花瓣成形。

一品红

一品红是节日常用的经典花卉。这种花用350#裱花嘴裱制，花瓣是由围绕中心的叶子形成。该花有3种形状的花瓣，却可用一个裱花嘴裱制，挤压力大小决定了花瓣尺寸。

1 裱花袋装350#裱花嘴并装满糖衣。用少量糖衣将一小块正方形的羊皮纸贴到花钉上。裱花嘴与花钉呈45°角，一点触及花钉。用爆发力挤糖衣形成一个花瓣，再逐渐减少挤压力并提起裱花嘴。

2 同样方法再裱5片花瓣，中心处留一小块空间。

3 离花钉中心更近一些的地方裱第2行花瓣，比第1行的稍短并压住第1行花瓣。

4 裱最后1行更小的花瓣。用2#裱花嘴在花心裱一小撮绿点。再用1#裱花嘴在每个绿点上裱一个黄点。

1

3

2

4

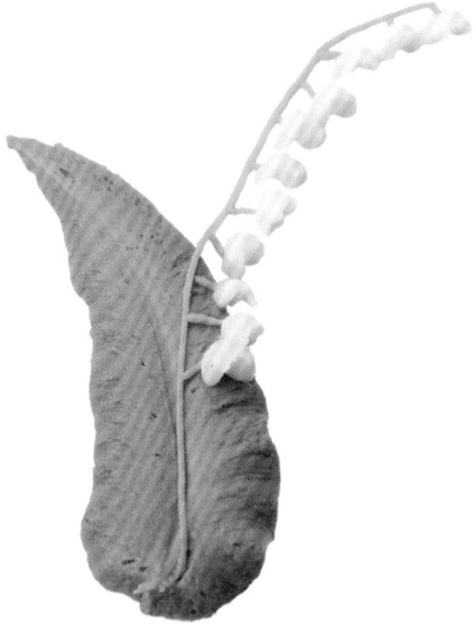

百合

1 裱花袋装366#叶形裱花嘴并装满糖衣。裱一个细长的叶子。

2 裱花袋装1#裱花嘴并装稍浅的绿色糖衣。从叶子底部开始，裱一条长长的花茎，茎要稍弯曲离开叶子。

3 在长茎上加一些短茎，短茎从长茎上部开始，在距离底部1/3处结束。短茎与短茎间要留有约0.6厘米的距离。

4 裱花袋装81#裱花嘴加白色糖衣，在短茎末端裱小白花。裱花时持裱花袋呈45°角，触及工作面，放在短茎下面，用爆发力挤压裱花袋。继续挤压裱花袋，裱花嘴提起前后移动。停止挤压拿开裱花袋。裱出的花要有裂缝。

1

花瓣边缘有其他颜色

　　玫瑰花和康乃馨由于有花边而看起来很迷人。

1　用画笔蘸想要的花边颜色，在裱花袋内部刷一条颜色带。

2　装满糖衣，拧一下裱花嘴，则颜色带在渐细的玫瑰形裱花嘴顶部。

3　裱花即可。

2

3

皇家糖衣装饰

　　皇家糖衣装饰使纸杯蛋糕或单层长方形蛋糕具有非凡的魅力。可在购买到皇家糖衣装饰件成品，也可自己做。这些装饰件由几层皇家糖衣制成，必须至少提前一天制作，也可提前几周甚至几个月。装饰件裱到玻璃纸上，要确保玻璃纸符合直接接触食品标准。装饰件可以徒手制作，也可使用模具，这样得到的尺寸能保持一致。

　　皇家糖衣的黏稠度很重要。糖衣最好要松软而流动缓慢，出现软峰但裱出来的形状能保持住。若皇家糖衣太黏稠，裱出来的装饰件不光滑；若皇家糖衣太软，则裱出来的装饰件会变平，细节丢失。为测试黏稠度，可先裱一个球形，球应是圆的，而不是平的或还有线条。再在其上裱一个球形，第2个球应慢慢下沉进第1个球底部，但不应混合到球底部。

　　装饰件在从玻璃纸上移开前，至少应放置24小时晾干。若装饰件须在24小时内就使用，则要裱在羊皮纸上而不是玻璃纸上，并放在炉子内干燥，炉温打到最低挡。也可将饼干放羊皮纸上，再在饼干上裱装饰件，放进炉子里冷凝20分钟。但若温度过高，则装饰件会产生裂纹或变脆。

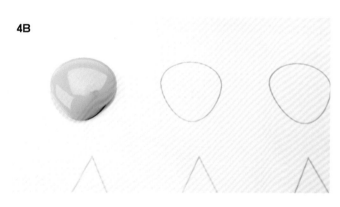

4A

4B

通用指导

1　根据提示混合皇家糖衣，至松软而出现硬峰。

2　皇家糖衣分别放到不同容器，按需要的颜色染色，每个容器加少量水，出现软峰。将稀释的染色糖衣装进裱花袋。

3　某一图样为测试黏稠度，可将图样贴到饼干片上，剪切一片玻璃纸贴到饼干片上。

4　裱装饰件的常见形状，持裱花嘴呈90°角裱一个圆球（A）。持裱花嘴由90°角移动呈45°角裱一个泪滴（B）。

柔滑峰顶

如果皇家糖衣裱完还有峰顶，则可用平刷轻轻刷平。

1 画好轮廓并用糖衣添平，用牙签将尖角处拉向顶点。

2 对比色细节可立即加上，颜色会融合到一起。干后如同一体。

3 裱好的形状冷凝几分钟，再加相邻形状，得到纹理和所需尺寸。

4 精致的细节可通过在冷凝件上裱花，或者用食用马克笔来实现。若用马克笔画，则要等装饰件完全干了再画（通常24小时）。

5 装饰件至少晾24小时。玻璃纸放在工作台边缘，将皇家糖衣装饰件从玻璃纸上剥离开，完全剥离前用另一只手扶着点。

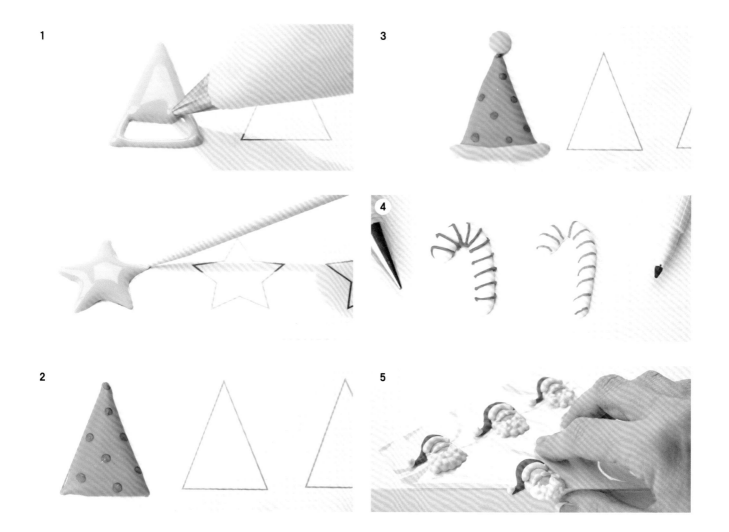

皇家糖衣设计的图案

下面介绍一些用皇家糖衣做的设计图案，是流行主题和节日所用。用P134页介绍的图样，图样所示为实际尺寸，但可以拉大或缩小，根据装饰所需。若需要较小尺寸的图案，则用小号裱花嘴；若所需图案尺寸较大，则用大号裱花嘴。

情人节
嘴唇

用2#裱花嘴、红色糖衣裱出下嘴唇，待冷凝，用2#裱花嘴再裱上嘴唇的一边，然后再裱另一边。

带文字的心形

用4#裱花嘴、淡色糖衣裱一个心形。先从一边裱一个泪滴状，再裱另一边。待心形冷凝，用粉红食物颜色马克笔写信息。

粉色心形

用4#裱花嘴、粉色糖衣裱一个心形。先从一边裱一个泪滴状，再裱另一边。

圣帕特里克节（即爱尔兰国庆日，为纪念爱尔兰守护神圣帕特里克。美国从1737年开始庆祝）
三叶草

用2#裱花嘴、绿色糖衣裱三叶草。先从一边裱一个泪滴状，再裱另一边，最后裱一片叶子。再加一个茎。

一罐金球

用2#裱花嘴、黑色糖衣裱出罐子，再用2#裱花嘴、金色糖衣裱出球来。待球冷凝，再用2#裱花嘴金色糖衣裱出更多的球，搁置冷凝。深金色粉与酒精混合产生涂料，用刷子刷到金球上。

彩虹

用2#裱花嘴、黄色糖衣裱彩虹的第一条，待冷凝。再用2#裱花嘴加一种颜色，在裱出更多颜色前都要待前一种颜色冷凝。当所有颜色都冷凝后，用4#裱花嘴、白色糖衣在彩虹两端裱云朵。

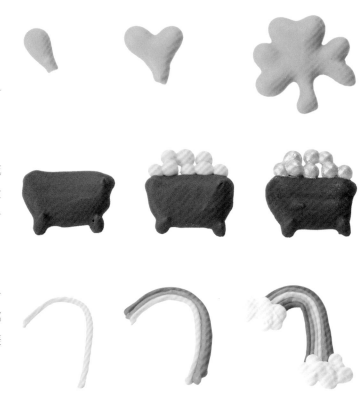

复活节

兔子

　　用4#裱花嘴、白色糖衣裱肚子，待冷凝。再用2#裱花嘴、白色糖衣裱头和脚，待冷凝。用1#裱花嘴、粉色糖衣裱鼻子。用黑色马克笔画眼睛。

十字架

　　用6#裱花嘴、蓝色糖衣裱十字架，待冷凝。再用1#裱花嘴、粉色糖衣裱一朵小花。用1#裱花嘴、黄色糖衣裱花心。

彩蛋

　　用4#裱花嘴、粉色糖衣裱出蛋形，待冷凝。再用1#裱花嘴和对比色糖衣裱点点和条条。

鸡

　　用4#裱花嘴、黄色糖衣裱小鸡，待冷凝。再用1#裱花嘴、橘色糖衣裱喙和脚，用黑色马克笔画眼睛。用2#裱花嘴、黄色糖衣裱翅膀。

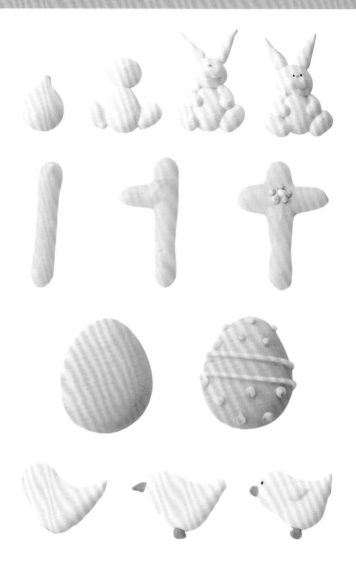

国庆节

星星

　　用2#裱花嘴、蓝色糖衣裱星星，待冷凝。再用1#裱花嘴和对比色糖衣在星星上裱点点。

万圣节

幽灵

用4#裱花嘴、白色糖衣裱幽灵，待冷凝。用黑色马克笔画眼睛和嘴。

南瓜

用4#裱花嘴、橘色糖衣裱一个南瓜，待冷凝，再用2#裱花嘴、褐色糖衣裱茎，用黑色马克笔画眼睛、鼻子和嘴。

糖果

用4#裱花嘴、白色糖衣裱糖果顶层，待冷凝，再用2#裱花嘴、橘色糖衣裱下一层，待冷凝，最后用2#裱花嘴、黄色糖衣裱最后一层。

眼球

用4#裱花嘴、白色糖衣裱眼白，在糖衣还湿润时就用2#裱花嘴、蓝色糖衣裱虹膜，在虹膜糖衣还湿润时再用2#裱花嘴、黑色糖衣裱瞳孔。待眼睛凉干，再用红色马克笔画血丝。

圣诞节

姜饼男孩

用4#裱花嘴、褐色糖衣裱一个姜饼男孩，再裱胳膊和腿，然后是头，将身体压扁，用白色糖衣裱眼睛、鼻子和嘴等。

糖果手杖

用6#裱花嘴、白色糖衣裱手杖，待冷凝，再用1#裱花嘴、红色糖衣裱条条。

树

用2#裱花嘴、绿色糖衣裱一棵树，待冷凝，再用2#裱花嘴、褐色糖衣裱树干。最后用1#裱花嘴各色糖衣裱果实。

雪人

用4#裱花嘴、白色糖衣裱雪人的底层球，待冷凝，再用4#裱花嘴、白色糖衣裱雪人的上层球，待冷凝。用2#裱花嘴、黑色糖衣裱帽子。用1#裱花嘴、橘色糖衣裱鼻子。用1#裱花嘴、红色糖衣裱纽扣。用黑色马克笔画眼睛和嘴。

圣诞老人

用4#裱花嘴、肉色糖衣裱圣诞老人的脸，待冷凝，用2#裱花嘴、红色糖衣裱帽子。再用2#裱花嘴、白色糖衣裱胡子。用2#裱花嘴、白色糖衣裱球，待冷凝，用黑色马克笔画眼睛，用红色马克笔画嘴。用1#裱花嘴、肉色糖衣裱鼻子。

小孩

脚

用4#裱花嘴、肉色糖衣裱脚，待冷凝，用2#裱花嘴、肉色糖衣裱相隔的脚趾头，待冷凝。再用2#裱花嘴、肉色糖衣裱剩下的脚趾头。

服装

用2#裱花嘴、橙绿色糖衣裱衣服，待冷凝，用1#裱花嘴、黄色糖衣裱一个小鸭子。再用1#裱花嘴、白色糖衣裱纽扣，待冷凝。用银色粉和酒精混合制成涂料，刷在纽扣上。

婴儿脸

用4#裱花嘴、肉色糖衣裱一张脸，待冷凝。用1#裱花嘴、肉色糖衣裱鼻子和耳朵，用1#裱花嘴、白色糖衣裱眼睛，待冷凝。用黑色马克笔画眼球。

奶瓶

用2#裱花嘴、白色糖衣裱奶瓶，待冷凝，用2#裱花嘴、蓝色糖衣裱盖子，待冷凝。最后用2#裱花嘴、桃红色糖衣裱奶嘴。

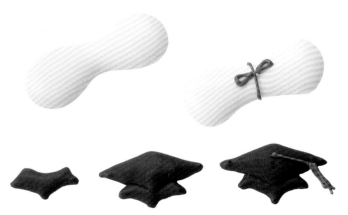

毕业

文凭

　　用4#裱花嘴、白色糖衣裱文凭，待冷凝，再用1#裱花嘴、红色糖衣裱蝴蝶结。

毕业帽

　　用2#裱花嘴、黑色糖衣裱帽子底部，待冷凝，再用2#裱花嘴、黑色糖衣裱帽子顶部，待冷凝。最后用1#裱花嘴、红色糖衣裱流苏。

婚礼

婚礼蛋糕

　　用2#裱花嘴、白色糖衣裱蛋糕，待冷凝，再用1#裱花嘴、粉色糖衣裱细节。

礼服

　　用2#裱花嘴、白色糖衣裱礼服，待冷凝，再用1#裱花嘴、粉色糖衣裱细节。

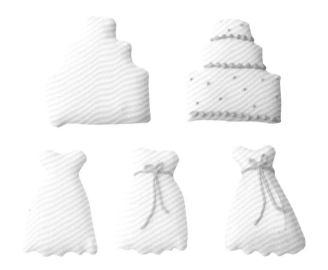

生日

笑脸

　　用4#裱花嘴、金黄色糖衣裱脸，待冷凝。用黑色马克笔画眼睛和嘴。

气球

　　用4#裱花嘴、红色糖衣裱气球，待冷凝，再用2#裱花嘴、红色糖衣裱结，待冷凝。将气球放到蛋糕或纸杯蛋糕上。最后用1#裱花嘴、黑色糖衣裱一条线。

派对帽

　　用2#裱花嘴、蓝色糖衣裱帽子，立即用1#裱花嘴、红色糖衣裱细节，待冷凝。最后用2#裱花嘴、黄色糖衣裱顶上的球和帽子边缘。

航海

海星

用2#裱花嘴、橘色糖衣裱海星，待冷凝，再用1#裱花嘴、橘色糖衣裱点点。用2#裱花嘴、白色糖衣裱眼睛，待冷凝。最后用黑色马克笔画眼球和嘴。

人字拖

用4#裱花嘴、铁粉色糖衣裱人字拖，待冷凝，再用1#裱花嘴、橙绿色糖衣裱细节。

鱼

用4#裱花嘴、蓝色糖衣裱鱼的身体，待冷凝。用2#裱花嘴、品蓝色糖衣裱鱼鳍。再用2#裱花嘴、白色糖衣裱眼睛，待冷凝。用黑色马克笔点眼睛上。

螃蟹

用2#裱花嘴、红色糖衣裱螃蟹的身体和蟹钳，待冷凝。用2#裱花嘴、红色糖衣裱腿。再用2#裱花嘴、白色糖衣裱眼睛，待冷凝。用黑色马克笔点眼睛上。

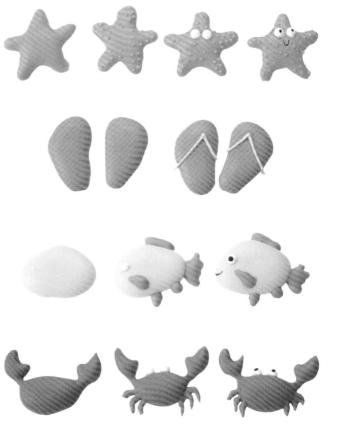

昆虫

蜜蜂

用2#裱花嘴、白色糖衣裱蜜蜂的后翅，待冷凝。用2#裱花嘴、黄色糖衣裱身体，待冷凝。再用2#裱花嘴、白色糖衣裱另一个后翅，待冷凝。用黑色马克笔画线条。用2#裱花嘴、白色糖衣裱眼睛，待冷凝。用黑色马克笔点眼睛上。

蝴蝶

用2#裱花嘴、天蓝色糖衣裱蝴蝶的身体，待冷凝。用4#裱花嘴、粉色糖衣裱翅膀，待冷凝。再用1#裱花嘴、黄色糖衣裱细节。

瓢虫

用2#裱花嘴、红色糖衣裱瓢虫的身体，立即用1#裱花嘴、黑色糖衣裱点点，待冷凝。用2#裱花嘴、黑色糖衣裱头，用1#裱花嘴、红色糖衣裱嘴，用2#裱花嘴、白色糖衣裱眼睛，待冷凝。用黑色马克笔点眼睛上。

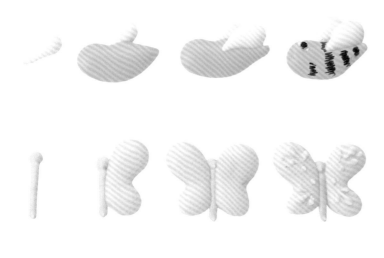

野生动物

斑马

用4#裱花嘴、白色糖衣裱斑马的正脸，待冷凝。用2#裱花嘴、黑色糖衣裱鼻子和鬃毛，用2#裱花嘴、白色糖衣裱耳朵。用黑色马克笔画眼睛。

象

用4#裱花嘴、灰色糖衣裱象耳，待冷凝。用4#裱花嘴、灰色糖衣裱头部，待冷凝。用2#裱花嘴、灰色糖衣裱鼻子，再用2#裱花嘴、白色糖衣裱眼睛，待冷凝。用黑色马克笔点眼睛。

熊

用4#裱花嘴、褐色糖衣裱熊脸，待冷凝。用2#裱花嘴、褐色糖衣裱耳朵和脸颊，待冷凝。用1#裱花嘴、深褐色糖衣裱鼻子，再用2#裱花嘴、白色糖衣裱眼睛，待冷凝。用黑色马克笔点眼睛。

狮子

用1#裱花嘴、橘色糖衣裱狮子的长鬃毛，待冷凝。用4#裱花嘴、金黄色糖衣裱头部，待冷凝。再用2#裱花嘴、金黄色糖衣裱鼻子和耳朵，待冷凝。用2#裱花嘴、白色糖衣裱眼睛，待冷凝。用1#裱花嘴、深褐色糖衣裱鼻头。用黑色马克笔点眼睛。

猴子

用4#裱花嘴、褐色糖衣裱猴耳，待冷凝。用4#裱花嘴、褐色糖衣裱头部，待冷凝。用2#裱花嘴、肉色糖衣裱脸，再用2#裱花嘴、白色糖衣裱眼睛，待冷凝。用黑色马克笔点眼睛，画嘴和鼻子。

家畜

绵羊

用2#裱花嘴、白色糖衣裱绵阳的耳朵，待冷凝。用4#裱花嘴、褐色糖衣裱头部，待冷凝。用1#裱花嘴、未稀释的白色皇家糖衣裱卷曲的羊毛，再用2#裱花嘴、白色糖衣裱眼睛，待冷凝。用黑色马克笔点眼睛，画嘴和鼻子。

猪

用4#裱花嘴、粉色糖衣裱猪的头部，待冷凝。用2#裱花嘴、粉色糖衣裱耳朵和鼻子。再用2#裱花嘴、白色糖衣裱眼睛，待冷凝。用黑色马克笔点眼睛和鼻孔。

牛

用4#裱花嘴、白色糖衣裱牛头，待冷凝。用2#裱花嘴、白色糖衣裱牛耳。用2#裱花嘴、粉色糖衣裱牛鼻子，再用2#裱花嘴、象牙色糖衣裱牛角。用黑色马克笔画眼睛和鼻孔。

球类

篮球

用4#裱花嘴、赤褐色糖衣裱篮球，待冷凝。用黑色马克笔画细节。

足球

用4#裱花嘴、白色糖衣裱足球，待冷凝。用黑色马克笔画细节。

网球

用4#裱花嘴、白色糖衣裱网球，待冷凝。用红色马克笔画细节。

橄榄球

用4#裱花嘴、褐色糖衣裱橄榄球，待冷凝。用1#裱花嘴、白色糖衣裱细节。

皇家糖衣图样

心形　　心形　　嘴唇　　三叶草　　金罐子

小鸡　　十字架　　兔子　　蛋　　旗

五角星　　眼球　　糖球　　南瓜　　幽灵

姜汁饼干　　树　　圣诞老人　　糖果手杖　　雪人

毕业帽　　文凭　　气球　　宴会帽　　笑脸

运动球类　　橄榄球　　人字拖　　海星　　螃蟹

鱼　　狮子　　象　　斑马

熊　　猴子　　蜜蜂　　瓢虫　　蝴蝶

猪　　绵羊　　牛　　婚礼蛋糕　　婚礼服

服装　　奶瓶　　婴儿脸　　婴儿脚　　彩虹

糖画

　　糖画是用稀释后很易流动的皇家糖衣来制作的。先用皇家糖衣画轮廓，再用稀释的糖衣填充内部。作品可从彩页、活页或问候卡上选。若蛋糕是用于出售的，则必须要有画作的授权。皇家糖衣通常也用在糖饼干上。画时要迅速，因为糖衣冷凝的很快。这些画要用几小时或几天完成，根据时间来安排。糖画很精致也易损坏，宜多制作3~4个备用。

总的介绍

1　根据提示混合皇家糖衣，皇家糖衣应松软而有硬峰。将一张羊皮纸放在彩页或活页上，用胶带固定住羊皮纸以防窜动。用所需颜色画出图片的轮廓。

2　皇家糖衣加少量水稀释，稀释过的皇家糖衣黏稠度与酸奶类似。每次得到正好黏稠度的加水量会因皇家糖衣批次不同而有所不同。若加水太多，糖衣会溢出轮廓或不易掌握；若加水不足，画出的图不光滑。检验黏稠度的方法用记数法。舀一勺稀释好的糖衣放回碗中，糖衣应在8~10秒与碗里的糖衣溶合。用稀释好的糖衣画出轮廓。

提示

· 不要几小时之后或等糖画干透再移动，否则容易出小裂纹。
· 奶油糖衣中的油可能会使糖画出现油斑，可将皇家糖衣裱到糖画背面，在糖画和奶油糖衣之间产生隔离以避免油斑。
· 湿度会影响糖画晾干的时间和糖画强度。在潮湿多雨的天气可考虑使用干燥机。

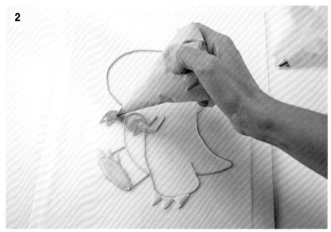

3

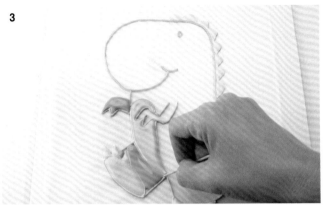

6

4

7

5

8

3 用牙签涂抹死角。

4 用皇家糖衣加更多细节。在加细节前底色要放1~2
小时。很小的细节，如眼球或眼睛上的部位，可用
食物颜色画在糖画上或用马克笔画出来。皇家糖衣
作画前至少要搁置24小时。

5 糖画放24~48小时，将胶带从羊皮纸上去掉。

6 小心地将羊皮纸放在工作台边缘滑动，将画取下
来。

7 在糖画背面裱一些皇家糖衣小点。

8 将糖画放到蛋糕上。

粗线条糖画

用深色线条如黑色或棕色勾勒轮廓，使最终的糖画焕发出彩色书的效果。这种技巧用在孩子们的蛋糕上或梦幻蛋糕上会比较好。

1 根据提示混合皇家糖衣，皇家糖衣应松软而有硬峰。将一张羊皮纸放在彩页或活页上，用胶带固定住羊皮纸以防窜动。用黑色或棕色皇家糖衣勾勒出轮廓。搁置1~2小时使轮廓稍干。

2 皇家糖衣加少量水稀释，稀释过的皇家糖衣黏稠度与酸奶类似。稀释的糖衣用食物颜色染色。轮廓内空间用稀释过的对比色糖衣添补。

3 用牙签涂抹死角。

4 轮廓上可加更精致的细节，在加细节前底色要放1~2小时。黑色轮廓没晾干就加细节有可能会散开。

1

3

2

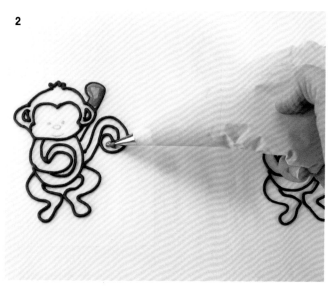

4

5

8

6

9

7

5 糖画搁置24~48小时，可以用马克笔或用稀释的食物颜色直接画更多细节。

6 待糖画完全冷凝（24~48小时），从羊皮纸上取下胶带。

7 小心地将羊皮纸放在工作台边缘滑动，将画取下来。

8 在糖画背面裱一些皇家糖衣小点。

9 将糖画放到蛋糕上。

糖画外圈

　　将糖画外圈加在蛋糕上加大了空间。干的皇家糖衣外圈加在蛋糕上，增加了蛋糕的宽度，会有装饰性外圈效果。

1　根据提示混合皇家糖衣，皇家糖衣应松软而有硬峰。将一张玻璃纸放在彩页或活页上，用胶带固定住玻璃纸以防窜动。用皇家糖衣勾勒出轮廓。

2　皇家糖衣加少量水稀释，稀释过的皇家糖衣黏稠度与酸奶类似。轮廓内空间用稀释过的糖衣添补。用牙签涂抹死角。

3　糖画搁置几天。从玻璃纸上取下胶带，小心地将玻璃纸放在工作台边缘滑动，取下画，旋转外圈各边，使脱离玻璃纸。

4　当所有的边都脱离玻璃纸后，将外圈放到等大的卡纸板上。尽量不要在工作面上留下太多的糖衣。

5　在蛋糕边缘裱一些皇家糖衣小点，轻轻将外圈滑动放在蛋糕上。

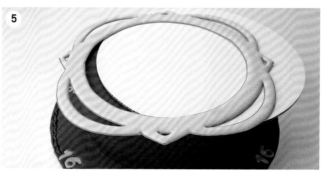

　　组合的外圈可比传统外圈结实多了，这款外圈是由几个小的组件构成。将这些小组件再组合到蛋糕上形成大的外圈。

用刷子装饰

　　用刷子装饰增加了翻糖蛋糕的精致蕾丝纹理。先用皇家糖衣勾勒花瓣轮廓，在变硬前刷上糖衣。典型的刷子装饰是用白色皇家糖衣裱制，不过也可根据现代需要而使用其他色彩。

　　当把刀具放翻糖上时，翻糖必须是软的。若翻糖不软，刀具放上就会开裂。为保持翻糖软的状态，蛋糕翻糖后要立即用保鲜膜包裹起来。在用刷子装饰时只打开一小部分。

　　在刷花瓣和叶子时，刷子必须干净且潮湿，每个花瓣装饰后，要将刷子放一碗水中清洗，洗完的刷子用一块湿布擦掉多余水分。刷的糖衣从外轮廓到中心浓度从稠到稀。刷的线条要可见。若刷的线条不可见，说明皇家糖衣太稀了，加些砂糖并搅拌直至出现硬峰。

1　翻糖包覆后的蛋糕立即用刀具印图样。

2　裱花袋装满皇家糖衣，装圆形裱花嘴。对于花和叶的尺寸在5厘米～10厘米之间，用3#裱花嘴。再小的花和叶子用1#或2#裱花嘴。用皇家糖衣裱出一个花瓣。

3　用一把潮湿的平刷轻触轮廓顶部，持刷子呈45°角，拖动皇家糖衣从外轮廓到中心处拉出长线条，重复此操作，一次裱一个花瓣的轮廓，再刷出纹理。若一下子勾勒很多花瓣，皇家糖衣会变干。

4　用1#裱花嘴、皇家糖衣给花加上花蕊、叶子加上叶脉。

用线条装饰

　　线条装饰是用皇家糖衣和纤细的裱花嘴裱出的精致糖衣线条，这些线条挂或摆在蛋糕表面。为均分每条线条之间的空间，要在蛋糕上做下记号。本章介绍蛋糕用线条装饰时如何使用智能标记仪。标记仪可定制，从而制作出专属的风格。

1　按照蛋糕尺寸标记智能标记仪的周长，用针或牙签通过标记仪的小孔定出蛋糕均分的标记。压出想要的风格（包括使用的智能标记仪）。所作标记的垂挂图案要从中心定位。见P210更详细的使用智能标记仪的介绍。

2　裱花袋装上1#裱花嘴，装入皇家糖衣。持裱花嘴与蛋糕呈直角，轻触所标记的垂挂顶部，加力将糖衣粘到蛋糕上，继续加力，裱花嘴拉开使糖衣自然地从裱花袋中流出，沿着垂挂的曲线裱曲线。裱花嘴触及垂挂的底部并停止挤压，提起裱花嘴。在裱垂挂时不要在蛋糕表面拉裱花嘴，而应在表面之上。

3　加更多垂挂直至全部裱完。

1

2

3

故障排除

　　若裱出的线断开，可能是压力不足或手移动太快；若裱的线弯弯曲曲，是挤压力太大或裱花嘴有缺陷。

延伸装饰

　　延伸装饰是在垂挂上裱一个桥，再加上精致的竖线。这种技巧是在蛋糕装饰中最精致的技巧之一。延伸装饰需要耐心和练习。在开始尝试延伸装饰前，需要能熟练用皇家糖衣和细裱花嘴裱花。皇家糖衣所需黏稠度为中峰。若皇家糖衣出现硬峰，则挤压裱花袋时有可能较困难；若皇家糖衣太软，则裱出的线条易断。准备皇家糖衣前应将砂糖过筛。

1

3

2

1　蛋糕周边包一圈纸——机制纸很好用，剪切与翻糖蛋糕周长等长。

2　将纸长边对折。

3　继续对折直至达到垂挂所需尺寸，用铅笔沿圆形剪切画刀具在纸上画出扇形。

4

5

6

7

8

4 将纸剪出垂挂的图样。若纸带比所需垂挂高，则修剪上部至所需尺寸，将扇形带包在蛋糕周围。两端用胶带粘起来固定住，垂挂底部距蛋糕底约0.6厘米。为使纸带保持在所在位置，夹角处用大头针固定住。

5 用尖齿滚轮沿纸带顶边做记号。

6 用针或牙签沿扇形作出标记。

7 裱一个精致花边，星形边用14#裱花嘴或圆形边用6#裱花嘴，都会使蛋糕延伸装饰很完美。

8 裱花袋装2#裱花嘴，加满皇家糖衣，沿着垂挂标记的下部裱线，晾干1~2小时。

9 裱花袋装2#裱花嘴，装满皇家糖衣，在第一条线之上再裱一条线，第二层要与第一层平行，既不上也不下，两层之间不要有空隙，否则桥不稳定易坏。第二层晒干1～2小时。

10 用2#裱花嘴和皇家糖衣继续加固垂挂，每加一层都要留足够时间使其变干。前一层没干就裱下一层会使桥塌落。裱好的垂挂搁置几小时或一晚上晒干。

11 裱花袋装0#裱花嘴，再加皇家糖衣，持裱花嘴与蛋糕垂直，上部从滚轮所做的一圈标记开始，挤压裱花袋裱制线条粘在标记线上，继续挤压，让裱出的线条自然下垂至桥上，触及桥底部，停止挤压。

12 继续裱制下垂线直至全部完成，线条上部加一条小巧的花边。小点边可用1#裱花嘴裱制，完成最后精致的花边。

13 小圆点也可加在下垂线上做装饰。加点时挤压力要小，确保裱花嘴不要接触线条，否则线条会折断。垂线上的小点分布要均匀。

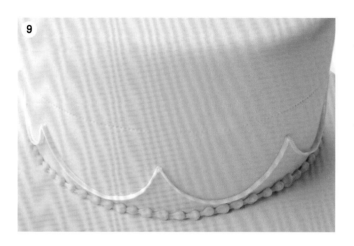

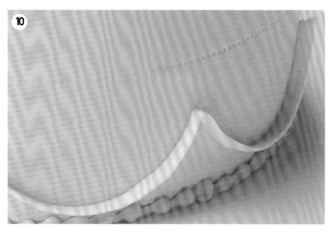

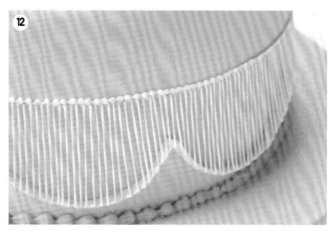

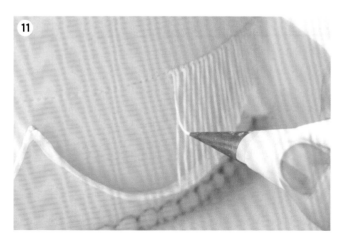

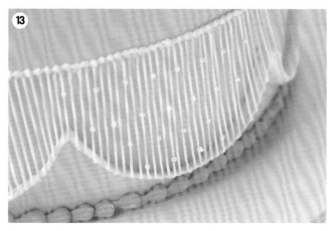

拱形线条

制作拱形或曲线线条，桥是用皇家糖衣裱制的半个圆。

1 按前面的提示，在蛋糕上做标记。直的褶皱边刀具也可用于标记。在刚刚包覆翻糖的蛋糕表面压入饰边刀具，由于取刀具时可能不是很顺利，所以最好先从后面开始压印。

2 裱花袋装2#裱花嘴，再装入皇家糖衣，在标记的中心裱小的垂挂，晾干1~2小时。

3 用2#裱花嘴和皇家糖衣在第一条曲线上裱一条稍长的曲线。第二层要与第一层平行，既不上也不下，两层之间不要有空隙，否则桥不稳定易坏。第二层晒干1~2小时。

4 用2#裱花嘴和皇家糖衣继续加固垂挂，每加一层都比前一层稍长，裱制成半个圆。每加一层都要留足够时间使其变干。前一层没干就裱下一层会使桥塌落。裱好的垂挂搁置几小时或一晚上晒干。

5 裱花袋装0#裱花嘴，再加皇家糖衣，持裱花嘴与蛋糕垂直，上部从滚轮或直的褶皱边刀具所做的一圈标记开始，挤压裱花袋裱制线条粘在标记线上，继续挤压，让裱出的线条自然下垂至桥上，触及桥底部，停止挤压。继续裱制下垂线直至全部完成。

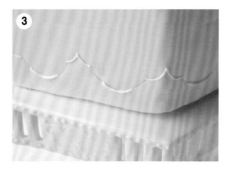

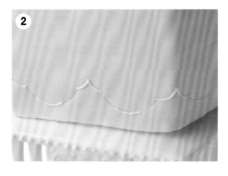

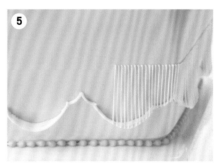

线条装饰要点

· 为增加弹性，可在皇家糖衣中加1~2滴液体葡萄糖。加了葡萄糖后有可能改变皇家糖衣的黏稠度，也许要另外再加砂糖。

· 顶部线用滚轮能自动压出均匀一致的标记。必须是蛋糕刚刚包覆翻糖，才能用滚轮压印。

· 若垂线断了，则裱的时候挤压力再大些或裱线时再慢点；若垂线弯弯曲曲，说明挤压力太大或裱线时太慢。裱花嘴结块，也可能引起裱出的线扭曲。

· 蛋糕要放在比其大2.5~5厘米的底座上。因若有东西碰到，这些线条有可能折断。

蕾丝装饰

用一些精致的皇家糖衣制成的装饰件，可添加小巧优美的蕾丝花边。皇家糖衣透过模具而制成精美的装饰件来装饰蛋糕，这些装饰件需要几个小时晾干，至少提前制作。晾干的蕾丝装饰件很脆，要多做几个备用。

蕾丝装饰件可提前几个月做好，放到橱柜里保存。保存的容器内不能潮湿，可放硅胶包吸收多余的湿气。

1 拓印好图样画贴在平的工作台上，如烘焙板或蛋糕卡纸板，再在图样上贴一片食品安全级别的玻璃纸。裱花袋装1#裱花嘴，再装满皇家糖衣。

2 沿着图样裱皇家糖衣，裱花嘴触及工作面将皇家糖衣粘在玻璃纸上。裱的时候，裱花袋要刚好在工作面上一点，所用挤压力要一致。挤压力太大，会使蕾丝边弯曲；压力太小，当裱花嘴从玻璃纸上抬离时线条会断。

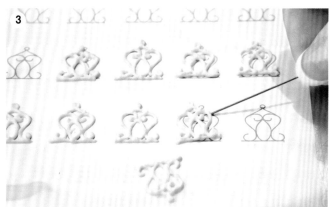

3 将裱好的装饰件放置24小时使其变硬。用直针在每一个件的下面滑动使装饰件从玻璃纸上剥离。不要在蕾丝件上拖，否则蕾丝件易碎。

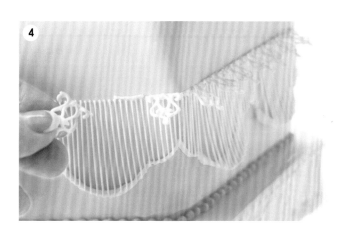

4 用较细的皇家糖衣线条将蕾丝花边粘到蛋糕上，贴好后这些糖衣线条要不可见。

图样和玻璃纸也可贴到花朵成形器上，这样能得到弯曲的蕾丝。

成品展示

美丽的花瓣

所需材料

- 烘焙并冷却的蛋糕
- 奶油糖衣
- 裱花嘴：1A#、103#、350#、131#和225#
- 食用色素：浅粉、柠檬黄、鳄梨黄和青绿色
- 食用色素喷枪、珍珠粉
- 裱花袋
- 粉红色纸杯蛋糕托

1 提前几小时制作花朵，裱粉色奶油玫瑰花（见P113）。用225#和131#裱花嘴裱柠檬黄色和青绿色奶油落花（P111）。

2 纸杯蛋糕上裱粉色奶油糖衣，面包店蛋糕风格（P62）。

3 冷凝的花朵放到刚包覆糖衣的蛋糕上。

4 用鳄梨黄色奶油在花周围裱些叶子。

5 用食用喷枪向蛋糕上喷珍珠粉（P280）。

6 在食用前，小心地将装饰好的纸杯蛋糕放进纸杯托里。

所需材料

- 23厘米×10厘米烘焙并冷却的蛋糕
- 翻糖：蓝色、红色和褐色
- 奶油：赤褐色
- 胶糖：白色
- 皇家糖衣：白色
- 蛋糕切割机
- 蛋糕切割机底盘
- 酥皮材料
- 裱花袋
- 裱花嘴：12#和233#
- 2.5厘米圆形剪切画刀具
- 裱花胶
- 黏土挤压器

毛绒朋友

1 至少提前一天用酥皮材料制作宠物骨架（P66），如图①；再用白色皇家糖衣包覆，如图②。

2 蛋糕用蓝色翻糖包覆（P48）。

3 加一条4厘米高的红色翻糖缎带（P206）。

4 用2.5厘米圆形剪切画刀具切酥皮材料呈爪子形，轻捏一端形成爪子。用12#裱花嘴在爪子周围切脚趾。

5 若想在蛋糕上装饰字，打开蛋糕切割机（P282）用白色胶糖（P33）切出。用白色胶糖做一根骨头。

6 将包覆了糖衣的宠物骨架放在蛋糕上，在骨架上用233#裱花嘴、赤褐色奶油裱出皮毛（P90），如图③。头部和尾部各插一根牙签摆在适当位置，加上肢和足，并裱皮毛覆盖。用褐色翻糖做两个一样大的球当眼睛。再做一个球形并压平，捏出三角形当鼻子。将眼睛和鼻子按压在头上裱出的皮毛中。再做两个球当耳朵，在上面裱出皮毛。

7 黏土挤压器装适合尺寸的长方形孔眼，用红色翻糖制作一条拴狗的皮带。

1

2

3

甜蜜的16

放大2倍

所需材料

- 20厘米×33厘米烘焙并冷却的蛋糕
- 翻糖：褐色
- 皇家糖衣：粉色、橙绿色和褐色
- 奶油：粉色
- 裱花袋
- 裱花嘴0#、1#、2#、101#、14#
- 剪切画刀具，小数字刀具
- 卷曲器
- 裱花胶

1 提前几天制作好粉色外圈和数字16（P140）。留剩下的糖衣在底座上做数字16。

2 提前一天，用0#裱花嘴、橙绿色皇家糖衣裱叶子。

3 用褐色翻糖包覆蛋糕（P48）。

4 底座用褐色翻糖包覆，边缘处压褶（P57），用小数字刀具切出数字16。

5 蛋糕放到底座上，用14#裱花嘴、褐色皇家糖衣裱一圈花边（P96）。

6 用同外圈一样的粉色皇家糖衣填充16。

7 沿蛋糕边缘裱一些褐色皇家糖衣点，将外圈放上。

8 在数字16背面涂裱花胶，安放到蛋糕上。

9 用1#裱花嘴、橙绿色糖衣写上名字，并沿外圈边缘加一些小点。

10 用皇家糖衣或奶油糖衣（P113）裱出粉色玫瑰。用裱花胶将蕾丝花叶和糖衣玫瑰粘到底座上。

花语

1 纸杯蛋糕先用奶油糖衣装饰。蛋糕顶部用橙绿色翻糖包覆。

2 趁翻糖还软时，用玫瑰花形刀具压印。使用刷子装饰技术（P141）用白色皇家糖衣和2#裱花嘴装饰蛋糕顶部。

3 用皇家糖衣、2#裱花嘴在花旁边裱一些小圆点。

所需材料

- 烘焙冷却的蛋糕
- 奶油糖衣
- 翻糖：橙绿色
- 五瓣简易玫瑰花形刀具：3.5厘米，5厘米和6.5厘米
- 裱花袋
- 皇家糖衣：白色
- 2#裱花嘴
- 刷子

蕾丝雏菊

所需材料

- 20厘米×10厘米烘焙并冷却的蛋糕
- 翻糖：白色
- 皇家糖衣：粉色、黄色、青绿色、淡紫色和叶绿色
- 胶糖：鳄梨色
- 裱花袋
- 2#、233#裱花嘴
- 裱花胶
- 黏土挤压器

1 至少提前一天制作蕾丝花瓣、叶子和蝴蝶翅膀（P147）。

2 用白色翻糖包覆蛋糕（P48）。

3 用黏土挤压器将鳄梨色胶糖制成茎（P157），用裱花胶粘到蛋糕上。

4 蕾丝花瓣放到蛋糕上，裱一点裱花胶固定。

5 用2#裱花嘴、淡紫色皇家糖衣裱蝴蝶的身体，在糖衣还湿润的时候将翅膀粘上。要用一个支架支撑翅膀几小时或待身体晾干。

6 用233#裱花嘴、叶绿色皇家糖衣裱一些草。

7 用2#裱花嘴在粉色花中心处裱一个黄点。

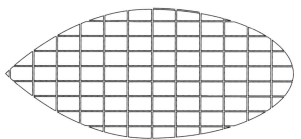

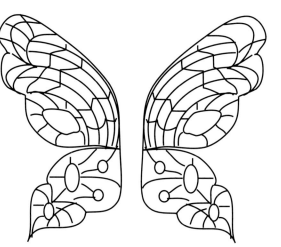

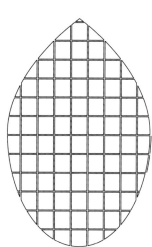

幸福的爱

1 至少提前一天，用3#裱花嘴、红色皇家糖衣裱出心形（P126）。

2 用淡粉色翻糖包覆蛋糕（P48），标记出均匀的垂挂位置（P142）。

3 用6#裱花嘴、粉色皇家糖衣裱一圈花边，用2#裱花嘴制作出桥（P143）。

4 用一点皇家糖衣将心形贴到蛋糕周边。

5 用线条装饰（P142）。

6 用字母刀具将红色胶糖切出字母（P171）。

7 用组合刀具将红色胶糖制作心形，放在蛋糕顶部。

所需材料

· 20厘米×10厘米烘焙并冷却的蛋糕

· 翻糖：淡粉色

· 胶糖：红色

· 皇家糖衣：白色、红色和粉色

· 裱花袋

· 裱花嘴：3#、6#、2#和0#

· 组合刀具：心形套装

· 字母刀具：爵士风格的字母

8 用0#裱花嘴、白色皇家糖衣在制作好的心形周围裱一些细节。

翻糖与胶糖造型

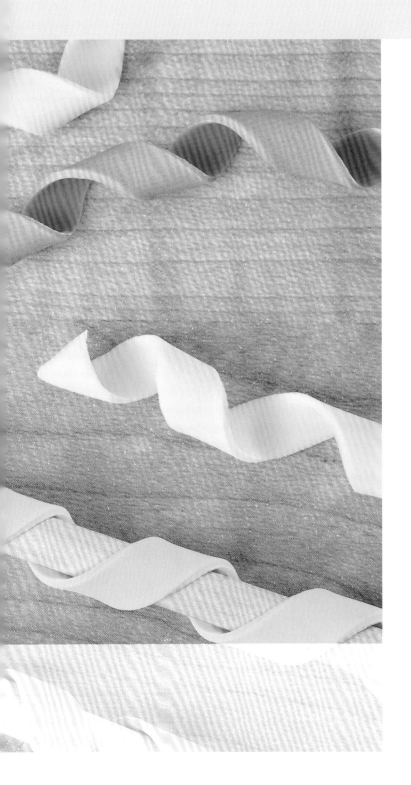

利 用翻糖的切割、雕刻和塑形，打造出美丽的造型，即使初学者也能制作出看起来很专业的蛋糕。本章所示一些造型可以放到奶油或翻糖蛋糕上装饰蛋糕，如用翻糖切割的花或精致的胶糖玫瑰花束来达到装饰目的。很多情况下翻糖或胶糖不可替换使用，但可用50∶50糊。若装饰件是用于食用，则应该使用翻糖。若只是为了装饰用，胶糖能做出更薄更精致的效果。胶糖比翻糖干得更快也更硬些。若胶糖只是用于做造型，则在说明中应有提示。"糊"是翻糖、胶糖或50∶50糊的笼统叫法。

压面机

　　下面几章中都要用到压面机。压面机并不是成功的必需品，而是在擀薄翻糖和胶糖时能保存厚薄一致的有用的设备而已。当然，也可节省时间。由于压面机不会使面饼变宽，而只是拉长，所以一开始就要确保宽度达到所需尺寸。许多压面机的宽度为15厘米。若所需尺寸比压面机的宽，则应用手擀，可使用带刻度的擀面棍或完美带。翻糖垫有售，它是很多专业人士制作大翻糖件的工具。

　　如果面饼在送进机器后不是完全光滑的，那就会在辊柱上留下残留物。为清洁辊柱，将机器放到最黏稠挡位，向辊柱上喷洒清洁喷雾（如厨用橱柜清洁剂）。摇动曲柄或至残留物出现，在辊柱下输入纸巾。千万不要将纸巾输入辊柱上（面饼输入处），否则纸巾会被卷进机器，堵塞机器，损坏齿轮。每次用后都要彻底清洁机器。

1 胶糖或翻糖揉至软，擀到所需宽度。压面机设置最厚挡位（一般1#），将擀好的面饼输入机器，摇动手柄，若使用附件就打开混合器。在面饼通过机器下端时用手接住。

2 挡位开到下一档较薄挡位，再压一遍。

3 每次擀薄后，继续将面饼输入压面机，挡位开到更薄挡位。

逐渐变薄

　　通常设置压面机时隔一个挡位。如：先用1#压薄，再用3#压，最后用5#压。若面饼上有褶皱或面饼不完全光滑，就不要跳挡了（先用1#、再用2#、最后用3#等）。

黏土挤压器

　　黏土挤压器用来制作粗细一致的各种线、纹理或细节。黏土挤压器的套件包括各种可更换的花片。

1　翻糖或胶糖揉至软，擀成圆柱形，直径比黏土挤压器活塞稍小。

2　从活塞底端装入翻糖或胶糖。

3　选所需的花片装在挤压器上。

4　旋钮手柄，压出面条。

5　用削皮刀或带薄刃的抹刀将压出来的面条切断。

3
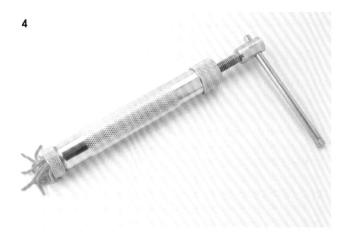

1

4

2
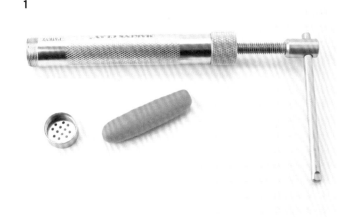

5

用黏土挤压器制作的各种造型

单圆形花片，用于藤蔓、茎、字母和花边。

多圆形花片，用于头发、稻草、花蕊和皮毛。

扁平形花片，用于蛋糕周边的丝带、编织物和蝴蝶结。

三叶草形和六边形花片，用于制作绳子，三叶草形花片能制作出引人注目的设计。

其他花片，包括更多形状的套件。

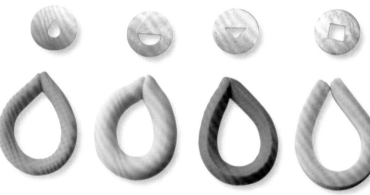

稍加热

若挤压时困难，试试稍加热翻糖或胶糖。从黏土挤压器上取下圆柱体，放微波炉加热2~3秒或待其变暖，再装回重试。

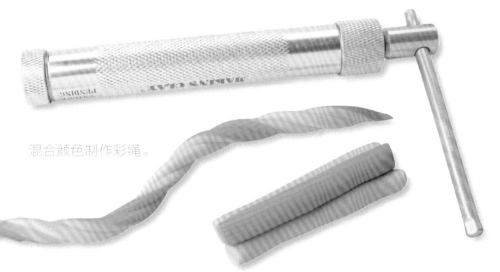

混合颜色制作彩绳。

花边硅胶模

花边硅胶模用于制作三维花边。制作时最好用硬的翻糖。在揉好的翻糖中加入砂糖使其变硬。

珠串花边

珠串花边要经过练习才能完美，但很值得付出努力。本节制作珠串所用的硅胶模是完整的三维珠串。其他珠串模可能很容易操作，不过制作出来的珠子背面有可能是平的。

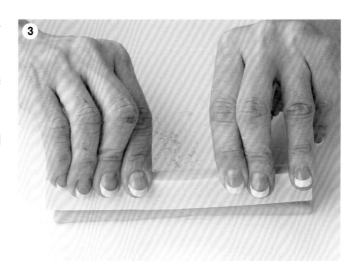

1 翻糖揉至软，擀成圆柱形，长度与珠串硅胶模一样，其直径比模子的稍大。

2 打开硅胶膜的其中一片，撒上珍珠粉，或者根据需要，想要亚光效果，则撒玉米粉。

3 打开硅胶膜的另一片，将其放在圆柱形翻糖上，翻糖应还留在工作台面上，硅胶膜应放在其上。

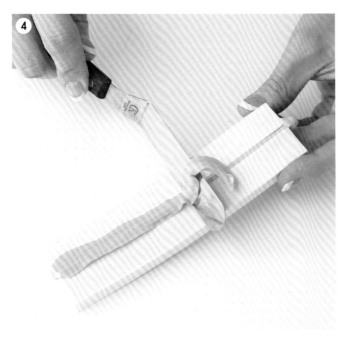

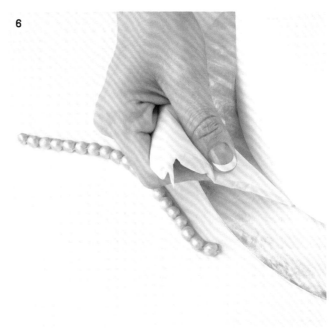

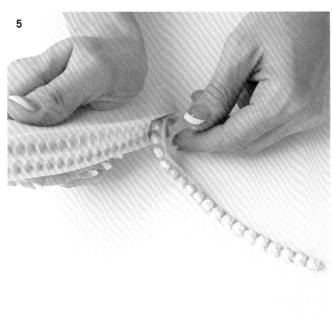

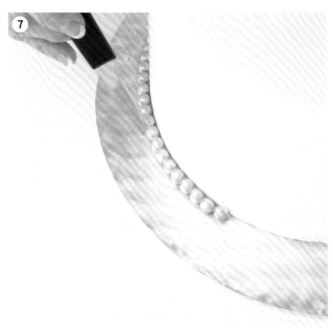

4 小心地打开硅胶模，确保任何一粒珠子都不是平的。若发现有平的，则紧压翻糖，使空腔充满。将两片硅胶膜合上，用抹刀去除顶部和边上多余的翻糖。

5 用一只手打开硅胶模，使珠子从模子中掉落。

6 珠串用裱花胶粘到蛋糕上。

7 放完珠串，还可见很少的残留物粘连着珠串，若不想要，待珠子冷凝，用削皮刀去掉多余的残留物即可。

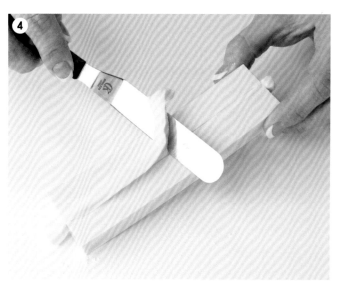

绳形花边

　　绳形花边可用在各种主题中。绳形花边使得西式蛋糕有了一些节日色彩；普通的结婚蛋糕因有了绳形而显精致；或者让孩子们的蛋糕呈现异想天开的效果。

1 翻糖揉至软，擀成圆柱形，长度与绳形硅胶模一样，其直径比模子的稍大。

2 打开硅胶膜的其中一片，撒上玉米粉，或者根据需要，想要珠光效果，则撒珍珠粉。

3 打开硅胶膜的另一片，将其放在圆柱形翻糖上，翻糖应还留在工作台面上，硅胶膜应放在其上。将两片硅胶膜合上。

4 用抹刀去除顶部和边上多余的翻糖。

5 用一只手打开硅胶模，使绳子从模中掉落。

6 顺着螺旋线在绳子的两端斜切。

7 绳形花边用裱花胶粘到蛋糕上。

8 继续制作绳子，将斜切端连起来。

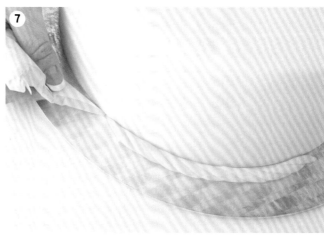

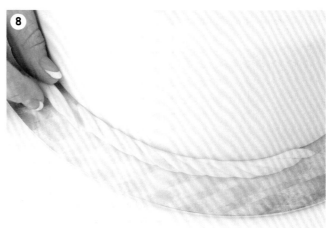

花边制作注意事项

· 清洗花边硅胶模时，很不容易去除掉带颜色的粉末，最好用白色珠珠粉，或者制作完后再在制作好的珠串上喷撒带颜色的粉末。

· 若翻糖易粘到花边硅胶模上，则将翻糖搁置几分钟再上模。

用硅胶模压制造型

翻糖和胶糖用硅胶模压制会有精美的细节。硅胶模易吸灰尘和绒毛，可用香皂和水清洗硅胶模，再用纸巾擦干。

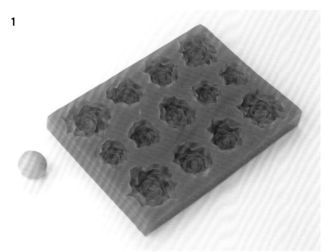

普通的硅胶模

1 翻糖或胶糖揉至软，团成球形，撒上玉米粉。

2 小球压进模型，填满整个型腔，多余的用搅拌刀薄刃刮去，再用手指压型腔边缘，使边缘干净。

3 用两只手持硅胶模，用手指压型腔中心，使翻糖或胶糖释放出。

技巧

· 若硅胶模太深或细节烦琐，则翻糖或胶糖不容易释放。若不易拿出，则把模子放冰箱15分钟左右，使其变硬些再拿。

· 若面糊会粘到模子上，则将砂糖揉进翻糖或胶糖使面糊变硬。

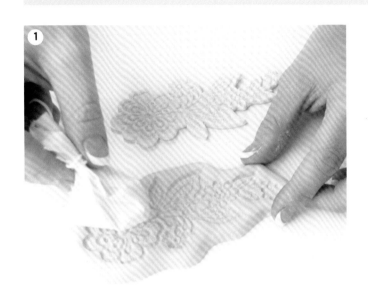

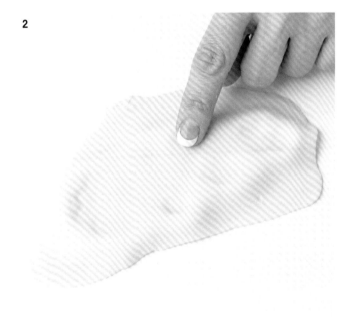

蕾丝模子

　　图中模子有两部分，底模更厚些，上模更薄与底模契合。

1 根据需要呈现的效果，若想要亚光效果，则在模子里撒些玉米粉；若需要珠光效果，则撒上顶级珍珠粉。

2 翻糖或胶糖揉至软，将其擀至约0.3厘米厚，放在底模上，轻轻压按将细节压印上。

3 将上模覆上，确保边缘契合。

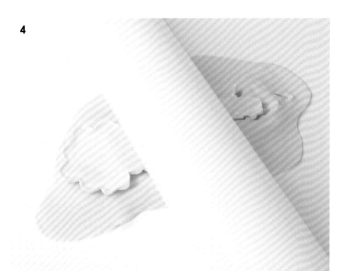

4 从模子一端开始，用力压按，压时要将模子上的花纹压在翻糖上，并沿边缘切断。

5 去掉多余翻糖。

6 取下蕾丝模的上模，用手指整理抹平底模边缘。

7 装胶糖的底模倒扣在工作台上，一端靠在台面上，弯曲另一端，将蕾丝花边释放出。

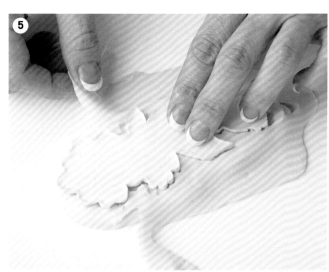

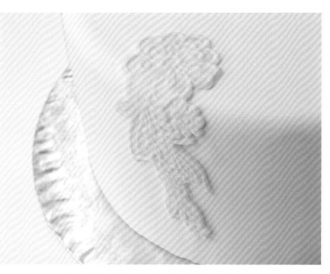

　　如果蕾丝花边想要随着蛋糕有造型，则应在还软时立即用裱花胶粘到蛋糕上。

用糖果模具压制造型

塑料的糖果模便宜且花样繁多，由于塑料膜不像硅胶模那样有弹性，所以取出时比较困难。

1
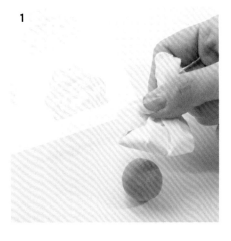

4

2
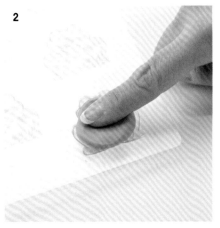

5

3
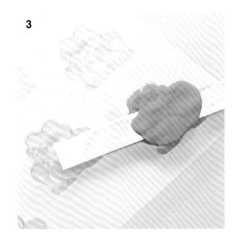

6

1 翻糖或胶糖揉至软，团成球形，撒上玉米粉。

2 小球压进模具，填满整个型腔，多余的用搅拌刀薄刃刮去，再用手指压型腔边缘，使边缘干净。

3 用刀片或抹刀薄刃将多余料抹掉。

4 用食指压平面糊边缘。

5 用另外的面糊从模子边缘拉起，边缘拉松动后，再用另外的面糊拉模子中心部位。

6 用食用胶或裱花胶将造型贴到蛋糕上。

轻松释放的方法

如果翻糖或胶糖不易释放，可适当在糖果模上喷撒些润滑用的菜油，然后用纸巾擦去多余的油。尽管用此方法容易释放造型，但易损失细节。

翻糖和胶糖的擀压及切割

接下来讲的翻糖或胶糖要擀得很薄，以适合切割。材料的厚薄根据需要而定，一般地，越薄越显得精致和专业。压面机5#挡（0.4毫米）压出来的薄厚程度对很多装饰件都合适，可直接摆放到蛋糕上。压面机4#挡（0.6毫米）或配件挡（比5#稍厚）压出来的薄厚程度，做出来的装饰件可直接立在纸杯蛋糕或蛋糕上。

胶糖更适合做精致的花朵和装饰件。且胶糖更有弹性，能比翻糖擀得更薄。50：50配比的料也可用。

下面是最基本的擀压和切割介绍。要注意工作台面上不能有杂物。

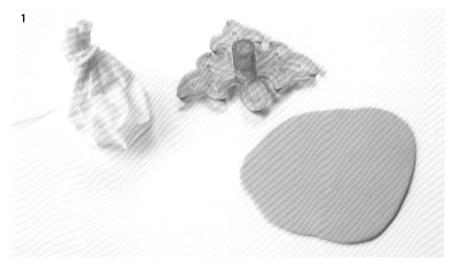

1 胶糖或翻糖揉至软，工作台撒上玉米粉。擀薄胶糖，或者用压面机的薄挡压。玻璃板或塑料垫涂抹一薄层固体菜油润滑，刀具切割面也要涂抹一薄层润滑油。润滑油在玻璃板和刀具上都要不可见。

2 面糊放到玻璃板或塑料垫上。

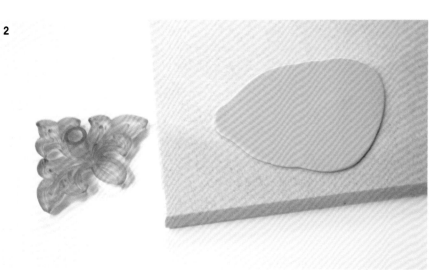

3

4

5

6

3 用需要的刀具切形。

4 用小搅拌刀将多余部分切除。

5 将长抹刀的刃放在切下的装饰件下面，轻轻提起。

6 用裱花胶或食用胶将装饰件粘到蛋糕上。

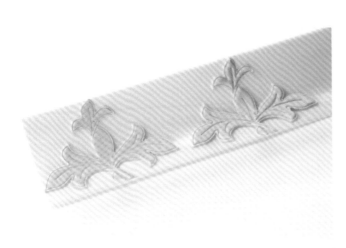

装饰件想要有立体效果，切后要立即放至成型器中，经过一夜晾干。

剪切画刀具

剪切画刀具的形状和图案多种多样，剪切出来的图案能给蛋糕快速加上简单的装饰。

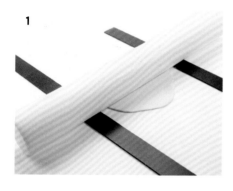

1 翻糖或胶糖揉至软，擀至约0.2厘米。

2 切形。

3 切好的形立即用裱花胶或食用胶粘到蛋糕上，这样比较随形。

将剪切形叠起来，形成特别的形状。

用对比色和更小形组成镶嵌形。从大形上切下小形，再交替用对比色叠加。

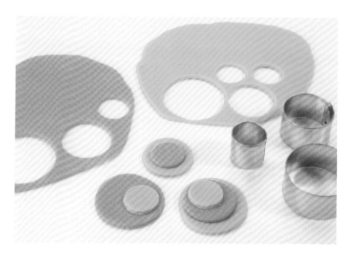

有尖角的形状

对于切直角的形状，要保证切下的形边缘很干净，没有碎屑，若有，可用湿布擦掉。

胶糖字母刀具

用字母刀具使制作字母变得容易，看起来也专业，字母可放在纸杯蛋糕或蛋糕上。胶糖最适合制作字母，翻糖或50∶50混合料也可用。

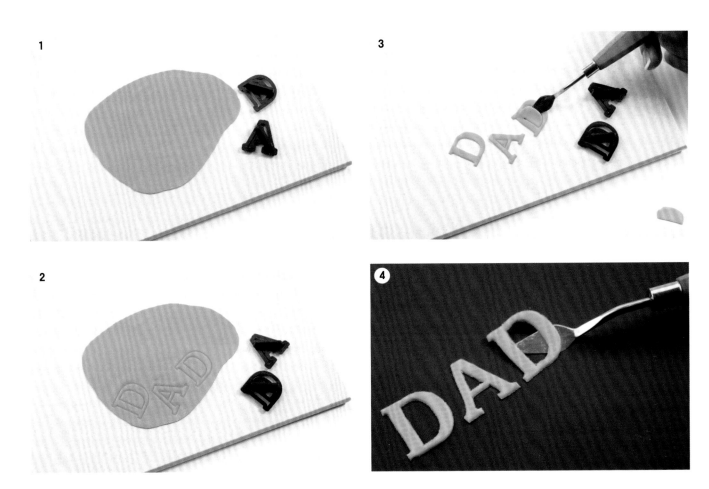

1

2

3

④

1 胶糖揉至软，将玉米粉撒在工作台上。胶糖擀薄［用压面机，档位在5#（0.4毫米）］。玻璃板或塑料垫涂抹一薄层固体菜油润滑，字母刀具切割面也要涂抹一薄层润滑油。润滑油在玻璃板和刀具上都要不可见。胶糖放到玻璃板或塑料垫上。

2 切字母，刀具拿开。若字母还在刀具上，用大头针挑出。

3 用小搅拌刀的薄刃将多余胶糖移除。

4 用薄抹刀提起字母，用可食用胶将字母粘到蛋糕上。

防止拉伸

在把字母提起往蛋糕上粘的过程中，为防止拉伸，字母要稍冷凝几分钟再提起。

拼花刀具

拼花刀具是一款重要刀具，可从英国进口。本节图中展示的是贴花风格的装饰。此刀具既可用于切割带浮雕图案的单件（用较小的压力），也可将图案切成几个部分（加大压力）。拼花刀具也有字母刀具（P171）。胶糖最适合做拼花，翻糖或50：50混合料也可用。

拼花图形

1 胶糖揉至软，将玉米粉撒在工作台上。胶糖擀薄［用压面机，档位在5#（0.4毫米）］。玻璃板或塑料垫涂抹一薄层固体菜油润滑，拼花刀具切割面也要涂抹一薄层润滑油。润滑油在玻璃板和刀具上都要不可见。胶糖放到玻璃板或塑料垫上。

2 轻压刀具压印图案，边缘处用大力压断。

3 拿开刀具。

4 去除多余胶糖，用抹刀的薄刃提起压出来的图案，此图形可按P278的提示上色，或按下页的镶嵌风格装饰。制作完成后用食用胶粘到蛋糕上。

注意压力

若在提起拼花件时散架了，说明压拼花刀具时用力太猛。若不是镶嵌风格的装饰件，只在边缘处用力大些即可，压印图案要轻些。

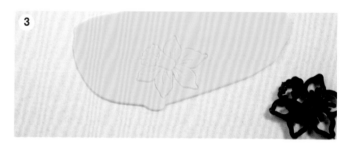

拼花镶嵌风格

1

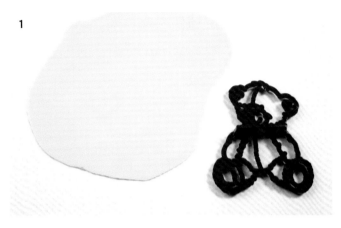

3

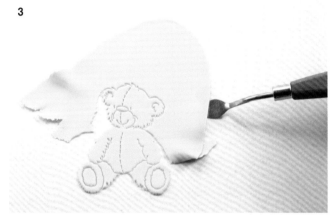

2

4

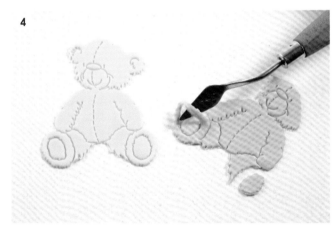

1 胶糖揉至软，将玉米粉撒在工作台上。胶糖擀薄〔用压面机，档位在5#（0.4毫米）〕。若装饰件想要立在纸杯蛋糕或蛋糕上，则胶糖擀厚些，如压面机放4#挡（0.6毫米）。玻璃板或塑料垫涂抹一薄层固体菜油润滑，拼花刀具切割面也要涂抹一薄层润滑油。润滑油在玻璃板和刀具上都要不可见。胶糖放到玻璃板或塑料垫上。

2 刀具各处轻压，压印出图案；边缘处用力按压，使断开。

3 用小薄刃刀将多余的胶糖去除。

4 取对比色胶糖重复第1步。用力按压刀具各处，使图案分离。用小薄刃刀移动各部分。

5

5 将需要贴的部分涂少量食用胶，粘在前一个装饰件对应位置。若装饰件需要立着，则放置几小时晾干，否则直接用食用胶粘在蛋糕上。

制作插针

　　装饰件若是立着的就需要有支撑。牙签可用于支撑，但一定要让顾客得知有牙签在蛋糕里。千万别把牙签切太小，否则有可能扎到人。替代办法是用胶糖做一个插针，在加插针前装饰件要完全变硬。下面所介绍的适合小装饰件，大件需要更多支撑。

牙签插针

1 已变硬的胶糖或翻糖装饰件倒放在工作台上，背面中心处刷食用胶，将牙签粘到胶上。将揉至软的胶糖擀至0.3厘米厚，切比装饰件稍小的一正方形。

2 方形背后刷食用胶，粘到装饰件刷胶处，轻压使二者黏合，确保沿着牙签方向压。

3 插针放置几小时或一夜晾干至变硬。将牙签插进奶油蛋糕或纸杯蛋糕上。

胶糖插针

1 翻糖或胶糖揉至软，胶糖擀至0.3厘米厚，切一条高约6.5厘米，底边长约1.3厘米的三角形。三角形的背面上半部刷食用胶。

2 将三角形贴到已变硬的胶糖装饰件上，轻压使二者贴合。

3 插针放置几小时或一夜晾干至变硬。将胶糖插针插进包覆糖衣的蛋糕上。

使用插针

· 千万不要切牙签，有可能扎到人。
· 胶糖插针插进翻糖包覆的蛋糕必须是刚包覆完的。若翻糖已变硬，那么插针和装饰件有可能会碎。

3D胶糖装饰件

　　有些刀具套件能制作三维的钱包、鞋、小孩的靴子和其他东西。胶糖是制作三维件最好的，比翻糖更硬些。刀具套件通常包含说明书。下面是制作3D图案的一些基本指导。

1

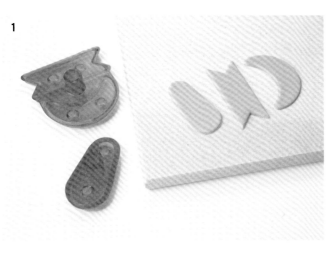

2

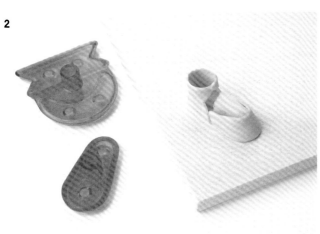

3

1 胶糖揉至软，切三维图形件。

2 组装三维件，中空处放一小块泡沫，防止塌陷。

3 装饰件做好后放置几小时或一夜晾干，将泡沫拿开。若有需要再加其他装饰。在这些小鞋上刷顶级珍珠粉，鞋带用皇家糖衣裱出。加一朵小的翻糖花。完成的鞋子放在巨型纸杯蛋糕上。

活塞刀具

活塞刀具是用于制作胶糖的刀具，可切割各种花及其他装饰件。在多种情况下切割简单的花朵来快速装饰。装饰件切割完，用活塞推出将其释放。很多活塞有纹路或细节，使装饰件更漂亮。胶糖或翻糖都可用活塞来压花，擀薄些做出来的装饰件更精致。

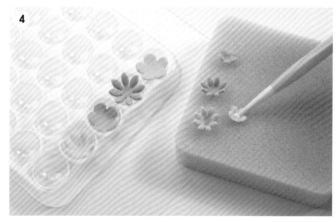

简单的压花活塞刀具

1 翻糖或胶糖揉至软，将玉米粉撒在工作台上。面饼擀薄［用压面机，档位在5#（0.4毫米）］。玻璃板或塑料垫撒玉米粉，擀薄的面饼放上。

2 持活塞底部切形，提起刀具，当面饼还在刀具上时，用大拇指沿边缘抹平。

3 压按活塞释放花朵，用食用胶粘到蛋糕上或按下面的说明，将花瓣成形。

4 小花放一块泡沫上，用球形工具将花瓣成形。大一点的花朵放在花朵成形器上，使花瓣成形，晾干。用食用胶将花朵粘到蛋糕上。

带纹路和细节的活塞刀具

1 翻糖或胶糖揉至软，将玉米粉撒在工作台上。面饼擀薄 [用压面机，档位在4#（0.6毫米）]。玻璃板或塑料垫撒玉米粉，擀薄的面饼放上。

2 持活塞底部切形。

3 提起刀具，当面饼还在刀具上时，用大拇指沿边缘抹平。

4 刀具放回工作台上，压按活塞印出叶脉。

5 提起刀具并压活塞，释放印好纹路的形，用食用胶将其粘到蛋糕上。若装饰件粘到桌子上，则用薄刃刀将其提起。

3

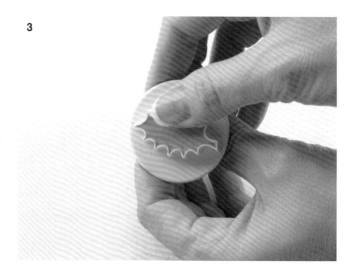

1

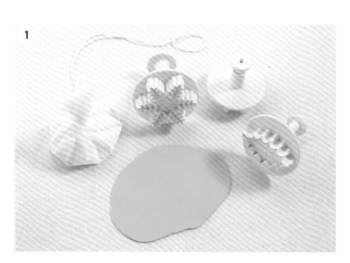

4

2

5

花朵制作基础

下面几章讲解用胶糖制作流行的花朵。用胶糖制作花瓣能擀得很薄。本章所讲是制作大部分花朵都会用到的基本技巧。一步步详细讲解如何制作雏菊、百合、玫瑰和非洲茉莉。如果制作这些基本的花朵，你乐在其中，就会想学更多种的花朵制作方法。其他各种花的刀具也有售。

在制作大部分花时可参考下面的介绍。若可能，买一朵真正的花，尽可能模仿花瓣和颜色。若花不是当季的，可在网上查到图片来模仿。本章中所讲的胶糖花在还软时可用蛋白代替食用胶来粘；若已变硬，则用食用胶（P34）粘。

包装用金属丝

有些胶糖花需要用到金属丝。金属丝要用似植物的胶条包起来。似植物的胶带——一种双面带蜡的窄美纹纸胶带，有白色、绿色或褐色。若不想让金属丝可见或插进白色蛋糕，就用白色胶带包上；若金属丝露出来用以模拟真的花茎时，就用绿色胶带包上；若模拟树上开花的枝和茎则用褐色胶带，如山茱萸。

1 用不常用的手持金属丝，展开双面胶条缠绕在金属丝上。拉伸和手指的温度会使蜡掉落并熔化，使胶条粘到金属丝和其自身上。

2 金属丝包好后，撕断胶条，只留一小截，拉伸并向下包裹住金属丝。

双面胶也可输进胶带刀具，切更细的条。适用于精致的小花，这样金属丝看起来不会太粗。

花瓣的剪切和塑形

1 胶糖揉至软，擀薄（压面机选5#挡），最好是半透明状。若不是半透明状，花瓣看起来没那么精致。擀得越厚越容易制作花朵，但花瓣就没那么可爱了。将擀好的胶糖放在玻璃板或塑料板上，切割花瓣。

2 花瓣放在软泡沫或玻璃垫上，用球形工具沿花瓣边缘按压，使花瓣变薄并成形。花瓣边要很薄，而中心不要压薄。

3 用叶脉工具在花瓣上轻轻压按出叶脉，若泡沫太硬，加叶脉时花瓣易撕裂。

很多花有配套的叶脉垫。花瓣变软变薄后将叶脉垫放上压出

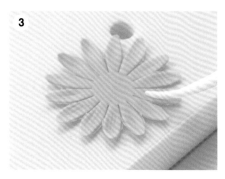

叶脉。

待压薄，将花瓣放在玻璃板下或用塑料袋密封（一层）。

有些花如康乃馨有褶皱样的花瓣。若花瓣将要被压出褶皱，压胶糖时选4#挡。若花瓣太薄，在压

褶皱时边缘会断裂。花瓣压褶时，将花瓣沿玻璃板边缘放好，用造型棒前后按压花瓣边缘使之变薄并压出褶来，压力大小决定褶的大小。

问题的解决

· 切割花时，若花瓣易粘到玻璃板上，就先用少量固态植物油润滑，再用纸巾擦除。油太多影响干的速度且在往花瓣上喷洒颜色时会出现油斑。
· 擀薄胶糖前要充分揉至软。若太粘，在手指上涂点油，油要少，不可见。还不行的话可加点砂糖。若胶糖又干又硬，可加少量新鲜的蛋白软化。

制作叶子

　　下面的介绍适合很多叶子刀具，还有很多风格和尺寸的叶脉可供选择。很多叶子刀具配有叶脉或配通用的叶脉。

1　胶糖揉至软，工作台上撒玉米粉。胶糖一边擀薄，
　　另一边要厚些。

2　用叶子刀具切割胶糖，使厚的一边在叶子底部。

3　将叶子放到泡沫或玻璃板上，用球形工具沿叶子边
　　缘压软。

4　金属丝一端弯成钩形，浸入蛋白，将其压入叶子较
　　厚的部位。

5　将切割的叶子放在已撒了一些玉米粉的叶脉上，紧
　　压使其压印出叶脉。

3

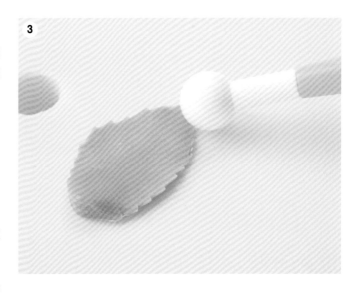

4

1

5

2

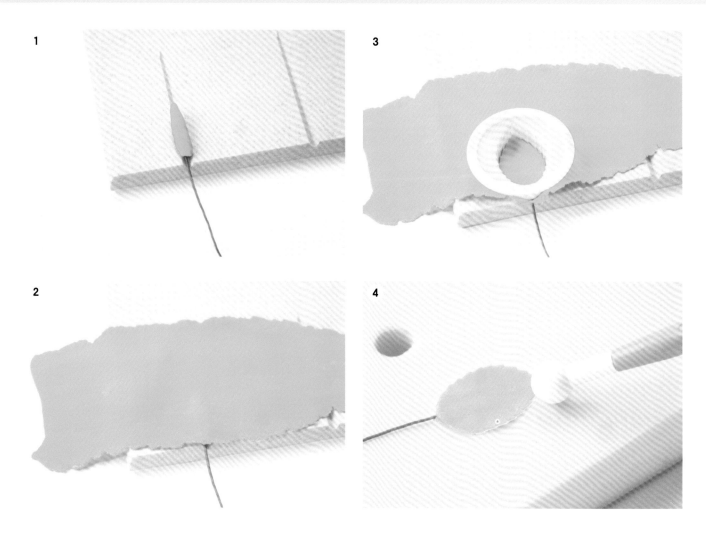

用玻璃板制作叶子

1 金属丝一端弯成钩形，浸入蛋白。绿色胶糖捏圆柱状包裹住金属钩。将圆柱放进玻璃板的一个凹槽中，在其上表面刷蛋白。

2 胶糖揉至软，工作台面上撒玉米粉。胶糖擀薄[压面机用5#挡（0.4毫米）]，擀好的胶糖放在玻璃板上，盖住圆柱。

3 叶子刀具置于以金属丝为中心的胶糖上，切下叶子。

4 切下的叶子放在海绵垫上，用球形工具将叶子边缘压软。再放在叶脉上，紧压使产生叶脉。

双面叶脉能在叶子两面都压出叶脉，有些双面叶脉也有造型功能。

花的渐变

花加上渐变看起来更真实。用胶糖制作的花或叶子从浅色调开始，可以有千变万化的效果。用染色剂刷到花瓣上产生渐变。染色剂有亚光和闪光两种。花瓣染色粉有很多种颜色，也可定制。用白色可让花瓣颜色变淡，粉末太多会使花瓣有闪光的效果。很精致，不过不必与自然的一致。

软刷能精细的给花全部涂上颜色。

平的硬刷使颜色加重或给边缘上色。

刷子的使用

刷子在装染色剂的瓶子边缘轻拍，将多余的粉末抖落，太多的粉末会造成色块或颜色不匀。

给花和叶子加闪光效果

叶子同花（如非洲茉莉）一样，若有微弱的闪光效果看起来很可爱也真实。闪光效果可通过蒸汽机或所售的釉加上。食用釉可用喷雾器喷洒，这样看起来是自然的闪光。由于釉很黏，有可能结块，在花瓣上留下块状物。在往花瓣上喷洒前先在一块羊皮纸上喷洒，检验下是否顺畅。喷雾洒过花或叶子，颜色就染上了，还会有闪亮、蜡质的感觉。不要使花瓣静止在那里喷，否则胶糖会溶解。手持花朵在蒸汽机前后摆动几秒或待花朵闪光。食用釉可产生闪光效果，其本身是一种黏稠的黄色物质，使用这种釉会加上一层黄色厚层。用中性谷物酒精稀释，取等量的酒精和釉搅拌。将欲染色的花浸入混合物或将其刷到每一个花瓣上，也可刷到花或叶子上。用刷子刷时，小心别留下刷子印或颜色条纹。

晾干花朵

　　很多公司都生产花朵成形器。花朵要呈杯状时用碗形花朵成形器。花朵晾干时用花朵成形架来吊挂。

　　很多花朵成形器的每个型腔都有一个洞，能使金属丝延伸出来。将花朵成形器两边分别靠在两个桶上，留出金属丝延伸的空间。

　　制作简单的花朵成形器架，可将小棍架在两个等容量的量杯上。

摆放花束

1

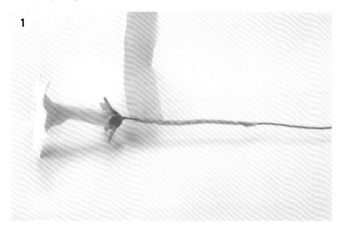

2

1 用绿色胶带包裹每一根花茎。

2 摆放好花束并用绿色胶带捆扎。

非洲雏菊的制作

在美国，非洲雏菊是最流行的切割花之一，尤其在婚礼和聚会上。这些非洲雏菊以充满活力的、可爱的颜色而充斥各种主题。胶糖染上柔和的渐变色并用染色剂加重，使其看起来更真实。雏菊制作起来不太容易，但制作完成的效果却非同凡响。制作雏菊主题的刀具尺寸包括3.5厘米（花萼）、4.4厘米（中心花瓣）和8.5厘米，圆形刀具是2.5厘米。

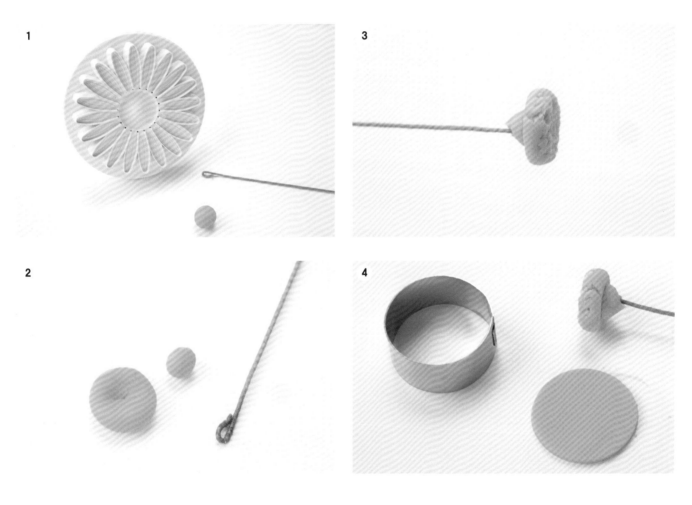

1 胶糖揉至软，揉一个小球，尺寸为雏菊刀具中心的一半。将规格号18的金属丝一端弯成钩形。

2 球压扁。再揉一个球，尺寸为第一个球的一半。金属丝钩形一端刷上蛋白。

3 将小球按压到金属丝钩形端，捏成圆锥形。在圆锥形顶部刷蛋白，再将压扁的小球按压上。用镊子修剪顶部使其产生纹理。雏菊的心部放置几小时或一夜使其变硬。

4 胶糖揉至软，切一个小圆形，比雏菊中心稍大。

5

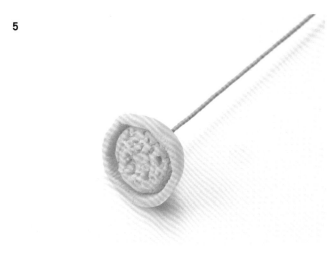

8

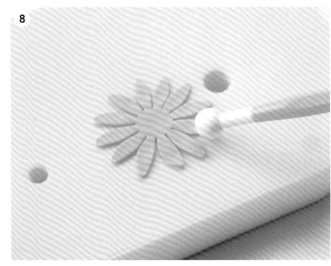

6

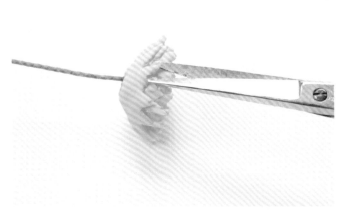

9

7

6 用小剪刀在扁平球外围剪几层小花瓣。

7 胶糖揉至软，擀薄或用压面机的5#（0.4毫米）挡，用小雏菊刀具切下两个花。

8 将1朵花置于玻璃板下或用塑料密封以防变干，第2朵花放在海绵垫上，用球形器将花瓣压软，另一朵也如此处理。

9 在1朵花的中心刷上食用胶，将金属丝穿过其中心，花瓣拉向上围绕着中心。第2朵花也如此处理，然后将其放在球形花朵成形器里。

5 小圆形上刷蛋白，金属丝穿过圆形中心，将其绕变硬的雏菊中心向上。

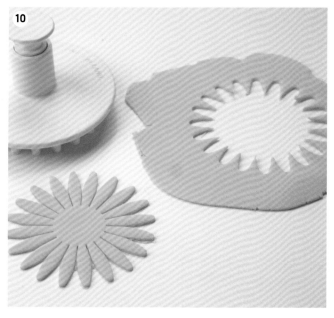

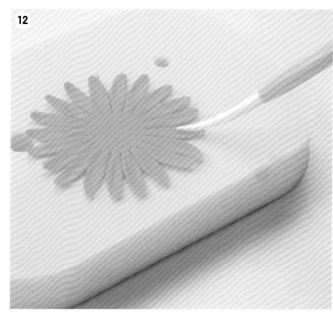

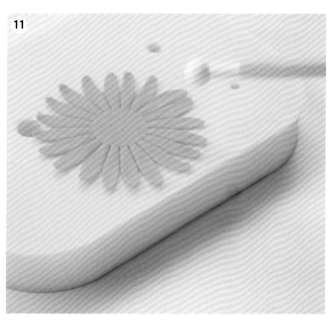

10 揉软的胶糖擀薄或用压面机的5#（0.4毫米）挡压薄。用大些的菊花刀具切两个大点的菊花，大刀具的尺寸是小刀具的一倍。

11 先将1朵花放玻璃板下或用塑料密封，以免变干。第2朵花放玻璃板上，用球形器压软每一个花瓣。

12 用叶脉工具给每一个花瓣加叶脉，其中一朵花的中心刷蛋白。金属丝穿过花的中心，将花瓣拉起，围绕着中心。

13 重复步骤12，将第2个大花朵也做好。将菊花放在球形花朵成形器，至少晾干24小时。

14 待花干燥，用不同渐变色的染色剂刷到雏菊的花瓣上。

15 为制作花萼，将绿色胶糖擀薄，切下一个小的菊花。用薄刀片将每一个花瓣都切出很多小切口。

16 花萼背面刷食用胶，金属丝从其背面穿过中心，拉起花萼，从雏菊底部围绕着雏菊中心。

17 各种鲜艳夺目颜色的菊花看起来漂亮极了。

14

16

15

17

制作菊花要点

· 透明的花朵成形器都留有金属丝穿过的洞，若这些洞不够大，则用尖头小剪刀剪大些。将花朵成形器支撑起来，使金属丝能伸展下来。

· 将每个花瓣压软并加上花纹需要花很长时间，必须快点做以免胶糖开裂。如果是从一开始制作而时间又有限，则少用泰勒粉（一种纤维凝胶剂，通常为羟乙基纤维素）。

玫瑰花的制作

　　用胶糖制作最流行的是玫瑰花。下面介绍的是用五瓣花朵刀具制作的。单瓣刀具也常用，不过对初学者来说五瓣刀具更易掌握。

玫瑰花蕾

1　将规格号18的金属丝一端弯钩形，刷上蛋白。胶糖揉软，揉一个小球并捏成圆锥形，圆锥形长度相当于一个花瓣。金属丝钩形端插进圆锥体宽边。花茎放一旁搁置几个小时或一夜。

2　胶糖揉至软，擀薄或用压面机的4#挡（0.6毫米）压薄，用五瓣花刀具切一片花。

3　切下的花片放在玻璃板上，每个花瓣边缘用球形器压软并压薄。

1

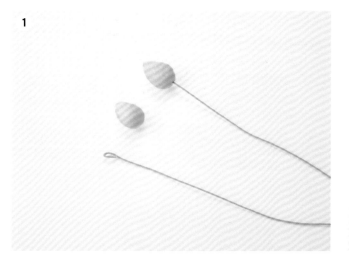

2

3

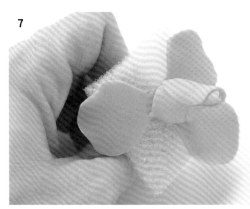

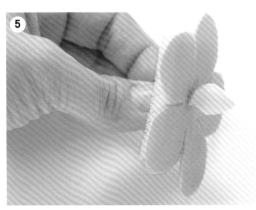

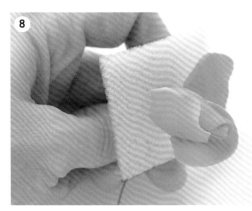

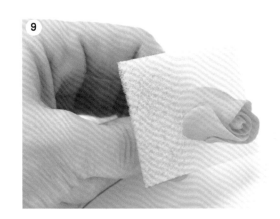

4 球形器的圆形端放在花瓣上按压，并轻轻将花瓣压出杯形。

5 将胶糖花放在一个7.5厘米见方的泡沫上做支撑。在提前制作的圆锥体上刷蛋白，金属丝穿过花和泡沫的中心。

6 切割花有五瓣，选一个花瓣记为1#并绕中心的圆锥包起来。

7 逆时针方向在3#花瓣底部刷蛋白，也绕圆锥体包裹。

8 5#花瓣底部刷蛋白，同样绕圆锥体包裹。

9 最后包裹上2#和4#花瓣。此时，花蕾制作完成，将其从泡沫上取下。加上花萼（P191）或继续下面的步骤制作一朵盛开的花。

玫瑰花

10 按步骤1~步骤9制作一个
   花蕾，再切一个花片放在海
   绵垫上，用球形器压软、压
   薄每个花瓣的边缘。1#和
   3#花瓣制成杯形，花转动，
   再将2#、4#和5#花瓣制成
   杯形。花再转回，中间制成杯
   形，使1#和3#花瓣相对。将花
   放在7.5厘米的泡沫片上。花蕾
   基部刷蛋白，将金属丝穿过新
   制作的花片和泡沫的中心。1#
   花瓣围绕花蕾包裹。

11 3#花瓣下半部刷蛋白，
   将其围绕花蕾包裹。2#、
   4#、5#花瓣下半部刷蛋白，也
   围绕花蕾包裹。

12 按步骤10、步骤11，再做一片
   花并包在花蕾上。

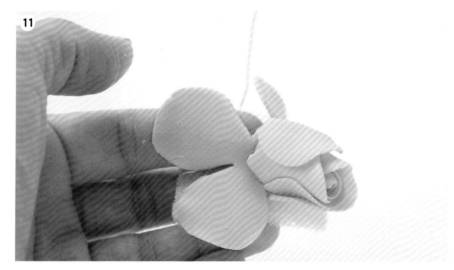

1

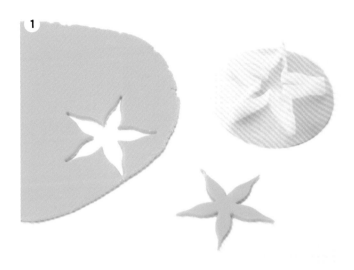

4

2

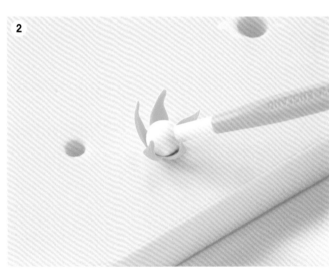

5

花萼

1 胶糖揉至软，擀薄或用压面机4#挡压薄，切花萼。

2 花萼边缘压薄，用球形器将中心部分压成杯形。

3 用小剪刀将花萼的边缘剪很多小裂口。

3

4 花萼中心刷蛋白，将花蕾或花朵的茎穿过花萼中心。用力压使其妥帖。绿色胶糖揉成球形并穿过金属丝，捏成圆锥体，将其贴在花萼底部，使平滑，二者看起来是一个整体。

5 根据P180的指导将叶子加上。根据P183指导摆放好花和叶子。用不同渐变色的染色剂给花和叶子上色。

非洲茉莉的制作

　　非洲茉莉是一种甜蜜的小花，很多时候作为配饰。花中心可使用食用珍珠，一般花商喜欢在茉莉花束中加上。

1　将带孔的海绵垫放在工作台上，硬面朝上。用固态植物起酥油轻擦中大的孔。白色胶糖揉至软，揉成长圆锥体，将圆锥体尖的那端先放进海绵孔中。

2　将露在孔外的圆锥体擀几次，再将海绵垫转90°，接着擀，每次擀的间隙都要90°转动海绵垫，最后形成一个圆形。

3　从海绵垫上取下圆形，放在玻璃板上。将花蕾刀具对正花托，切一个非洲茉莉花形。

4　切好的花放海绵垫软面，造型棒前后移动，将花的每个花瓣背面压薄。

5　拿起花，用造型棒压薄每个花瓣并在顶部压出纹路。

6　造型棒尖端探进花喉，轻轻将花瓣向下弯。花从造型棒上拿下来。若造型棒易粘花，可在顶端少抹点植物起酥油。

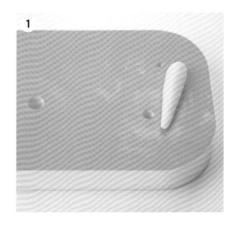

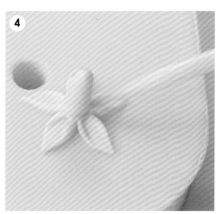

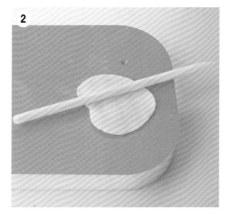

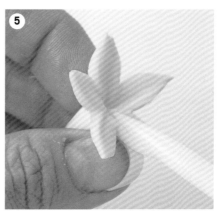

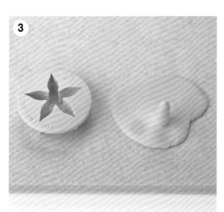

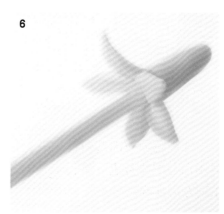

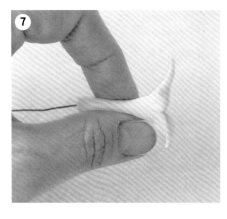

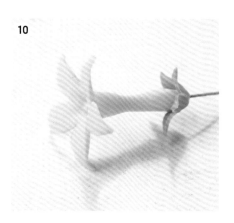

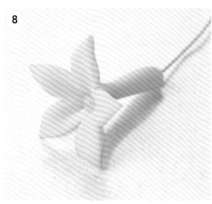

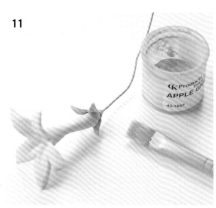

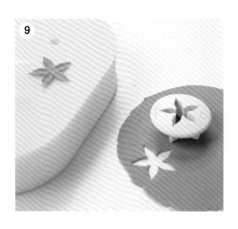

7 将织物包着的规格号22的金属丝一端弯钩形，刷蛋白，将其插进茉莉花的中心至钩形不可见。捏茉莉花底部，使花与金属丝契合。用拇指和食指揉捏茉莉花底部形成纤细的底托，使其在花瓣下面张开。

8 茉莉花中心刷少量食用胶，粘一个食用珍珠。

9 深绿色翻糖擀薄，用小花萼刀具切割出一个小花萼，用造型棒压薄。

10 花底部刷一点食用胶，将花萼滑到金属丝上。

11 茉莉花倒着悬挂晾干，变硬后，底部刷绿色染色剂。

12 小花蕾即可构成一朵茉莉。胶糖揉圆柱体，用食指在中部揉出曲线，一端形成尖顶，用削皮刀在顶切出5个花瓣形。将织物缠好的金属丝一端弯钩形，刷蛋白，将其插进茉莉花的中心。捏花的底部与金属丝相接，用拇指和食指揉花底部形成圆锥形。

根据步骤9、步骤10加花萼。

全白色

全白色的非洲茉莉在婚礼上很流行。若茉莉都是白色的，金属丝就用白色织物包裹。绿色染色粉不是必需的，可能会分散一束全白色茉莉花的典雅。

马蹄莲花的制作

　　马蹄莲是另一种在婚礼上很流行的花。婚礼上用的马蹄莲花一般花瓣是白的，而花穗是黄色的，不过也可制作其他颜色的花。马蹄莲是最易制作的胶糖花之一，但要注意，制作的花内外部都可见。开工时，工作台面保持干净，不要有粉末。胶糖刀具通常标为百合刀具，心形刀具也可用，不过形状稍有不同。

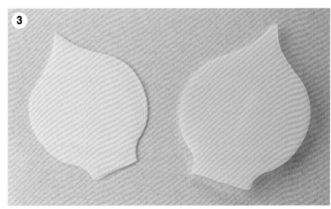

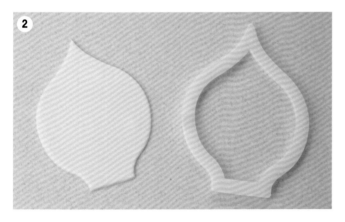

1　为制作花穗，先将黄色胶糖揉至软，揉一瘦锥形，尺寸为刀具的2/3大小。取规格号18的金属丝一端弯钩形，刷食用胶，将圆锥体粘到金属丝上。底端捏细，与金属丝契合。在圆锥上刷食用胶，将其放在细砂糖中滚动，搁置一边几小时晾干。

2　白色胶糖揉至软，工作台上撒玉米粉，胶糖擀薄（用压面机的3#挡（0.95毫米）压薄）。玉米粉撒在玻璃板或塑料垫上，擀好的胶糖放上。切马蹄莲花瓣。

3　切好的花瓣放在纹路器上，正面和反面均紧压印出纹路。用纹路器将花穗也压出纹路。

4　百合花瓣放海绵垫上，用球形器压软、压薄花瓣边缘。

5 沿花瓣底部刷少量食用胶，花穗放在花瓣中心。

6 花瓣一边围绕花穗底部包起来。

7 将花瓣另一边紧紧包裹起整个花。

8 花底部塑形，金属丝周围捏平滑。轻弯花瓣边缘和顶部，使其离开花茎。

9 花瓣立在聚苯乙烯泡沫上晾硬。变硬后，再加3个规格号18的金属丝使茎变粗，用绿色胶带将所有金属丝缠在一起。

10 花底部刷黄绿色粉末，再刷苹果绿粉末，向上与深绿色混合。花穗底部也刷苹果绿粉末。最后加蜡质感觉。

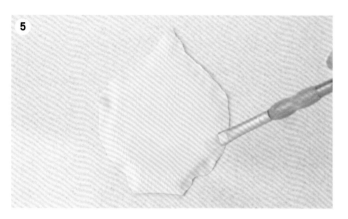

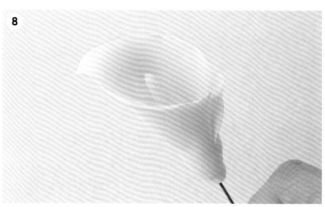

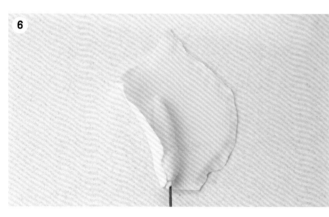

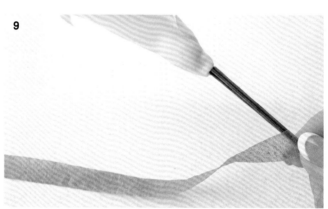

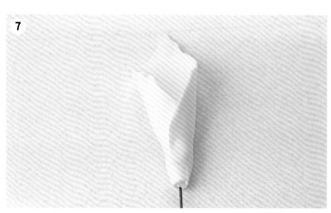

仿布玫瑰花和叶子的制作

　　仿布玫瑰花和叶子让蛋糕具有异想天开的植物景观，与下垂的翻糖褶皱放在一起也很可爱。

仿布叶子的制作

1 胶糖揉至软，工作台上撒玉米面，擀薄胶糖或用压面机的5#（0.4毫米）挡压薄，切5厘米×7.5厘米的长方形。

2 擀好的胶糖片翻面，沿长边刷食用胶。

3 长边对折，将两边粘起来。注意折叠处不要有折痕，折的部分稍鼓起。

4 从中心处开始，像扇面一样向一边打褶。

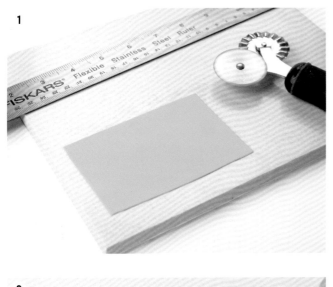

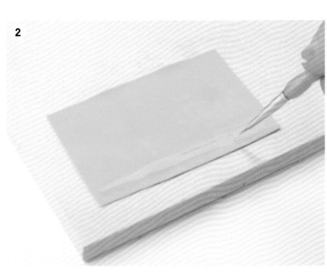

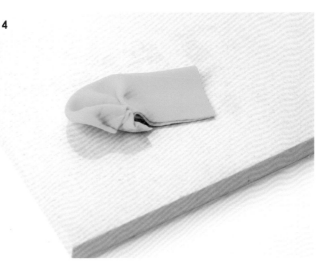

5

6

7

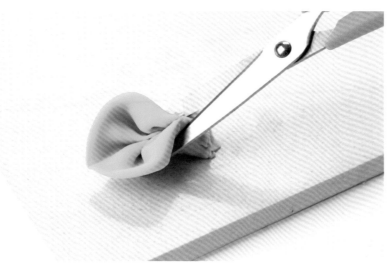

5 另一边也同样打褶，底部捏在一起。

6 半圆形中心处向外捏出一个顶点。

7 切掉底部多余的胶糖，用裱花胶粘到蛋糕上。

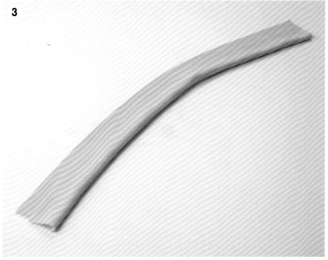

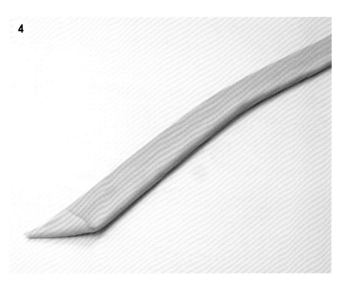

仿布玫瑰花的制作

1 胶糖揉至软，工作台上撒玉米面，擀薄胶糖
  或用压面机的5#挡（0.4毫米）压薄，切5厘米
  ×30.5厘米的长方形。

2 擀好的胶糖片翻面，沿长边上1/3处刷一条食用
  胶。

3 宽边对折，将有胶的边粘起来。注意折叠处不要有
  折痕，折的部分稍鼓起。

4 折叠的长带一端折直角，这将作为玫瑰花的
  中心。

5 鼓起的折叠端相对，卷起，保持底端捏在一起，鼓
  起那端展开。

6 继续卷，形成玫瑰花。若玫瑰花瓣看起来太紧，则可在捏紧长带底部前先像扇形样折叠。

7 玫瑰花形成后，底部稍厚。

8 切去底部多余的胶糖。

9 用裱花胶将花粘到蛋糕上。

6

7

8

9

卷曲彩带的制作

蛋糕由于彩带的装饰而令人惊喜。一条大的卷曲带可用几个等长的彩带组成，或者用长短不一的彩带装饰蛋糕，构成节日图案。一般彩带宽为0.6厘米，但大蛋糕可用更宽的彩带，而小蛋糕或纸杯蛋糕则可用更小的彩带。最适合作卷曲带的材质是胶糖，不过翻糖或50：50面糊也可用。

1 胶糖揉至软，工作台上撒玉米粉，擀薄胶糖或用压面机的5#（0.6毫米）挡压薄，切6厘米×25厘米的长方形。

2 将长条绕在木棍上。

3 彩带放几分钟（5~10分钟最合适）变硬。从木棍上除下彩带，形成卷曲后，切成7.5厘米长。若彩带零散地放在蛋糕上，则切成不同长度。趁着彩带还柔韧稍弯曲其中几条，使其弯曲得自然些。

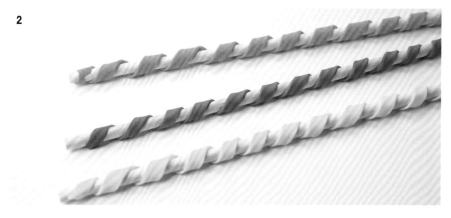

4

· 弯曲时彩带裂开或断了，则绕在木棍上的时间就要短点；若缠绕时彩带不成形，则延长绕在木棍上的时间要长点。

· 若同时切割多个彩带，缠绕木棍前，用塑料包起来防止变干。

5

6

4 彩带搁置几小时或一夜使其变硬，晾干后，在蛋糕中心裱一个糖衣球，球的颜色应与蛋糕所覆糖衣一致。彩带摆成圆形，将其压进球形固定。直的彩带应放第一层。

5 再放一层彩带，用卷曲彩带，弯曲点朝下或侧向，这样看起来更自然。

6 再加几层彩带直至堆满。

短点的彩带或断了的也可装饰在蛋糕上，增添风采。

胶糖蝴蝶结的制作

　　本章介绍的是宽为7.5厘米的领带结和宽为17.5厘米的多圈蝴蝶结的制作。不过，也可等比例放大或缩小来制作其他尺寸的蝴蝶结。胶糖可制作两种形式的蝴蝶结。翻糖制作小的装饰性领带结还可以，超过7.5厘米的用胶糖更稳定些。50：50胶糖和翻糖的混合面糊也可以。

领带结的制作

1 胶糖揉至软，将玉米粉撒在工作台上。胶糖擀薄或用压面机档位在5#（0.4毫米）。玻璃板或塑料垫涂抹一薄层固体菜油润滑，将胶糖放到玻璃板或塑料垫上。

2 胶糖切两条2.5厘米×7.5厘米的条带。

3 条带底端刷食用胶，对折，捏出褶。

4 为此蝴蝶结制作飘带，切2.5厘米×7.5厘米的长条，一端切下一角，另一端捏起。

5 飘带捏在一起，折起的环形放其上面。切一个1.3 厘米×2.5厘米的条做花结，两端捏起。

6 花结背面刷食用胶，粘到蝴蝶结上，在环形下压紧。

5

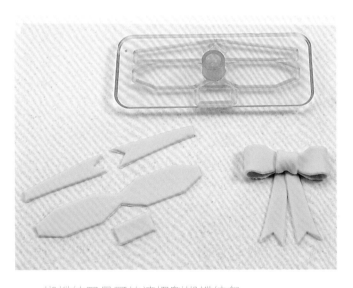

蝴蝶结刀具可快速切割蝴蝶结条。

6

切下的条捏之前，用压线器压出印记，使其看起来有缝合的感觉。

蝴蝶结的支撑

若蝴蝶结的环塌落，用纤维填充物撑起来，干了后再移除。

多圈蝴蝶结的制作

1 胶糖揉至软，将玉米粉撒在工作台上。胶糖擀薄或用压面机档位在4#（0.6毫米）。玻璃板或塑料垫涂抹一薄层固体菜油润滑，将胶糖放到玻璃板或塑料垫上。

2 胶糖切2.5厘米×15厘米的条。一个完整的多圈蝴蝶结需要18条。若同时切出所有的条，在制作环形时，将这些条平摆一层，用塑料膜包裹以防变干。

3 在条的一端刷食用胶，对折，侧立放置，晾干几小时。

4 当环干了，摆一环形放在蛋糕上，中心留2.5厘米的空当。

5 将皇家糖衣（颜色同蝴蝶结）裱一球形至环形中心空当，将蝴蝶环轻推进糖衣内。

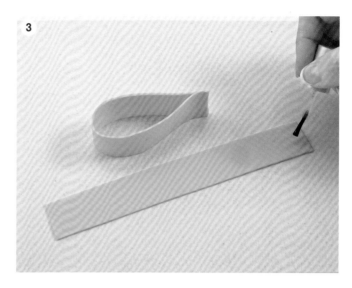

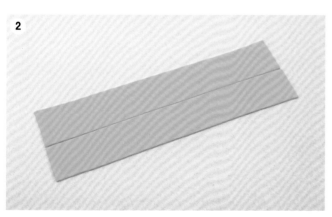

6

7

6 再加一层环，也插进糖衣。

7 最后再加一层环。

　　胶糖在切条前，也可用纹理垫或滚轮压出纹理。

用闪光缎带制作多圈蝴蝶结

1

2

1 食用糖衣条可放在胶糖条上，糖衣条背面刷水，放在揉好的胶糖上。

2 用小饼干刀具切条，按上面步骤3～步骤7完成蝴蝶结的制作。

缎带的制作

　　用50∶50糊制作缎带。翻糖/胶糖混合面糊制作的缎带围绕蛋糕时容易变硬，虽然面糊变硬仍能切割，但迅速行动很重要。切完条带后，尽量少举起以免拉伸和变形。

缎带的制作

1　50∶50面糊揉至软，玉米粉撒工作台上，擀薄或用压面机的3#挡（0.95毫米）。条的长度应比蛋糕周长还要长出1.3厘米。

2　用尺子量好高度。

3　按需要的高度切条带。

4　条翻面，背面刷裱花胶。

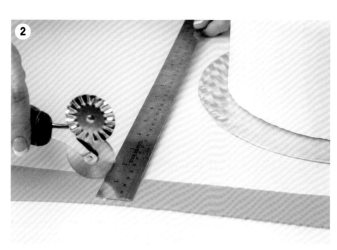

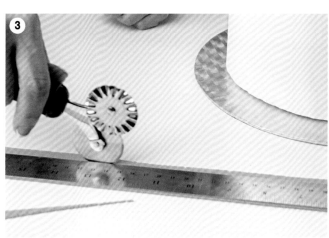

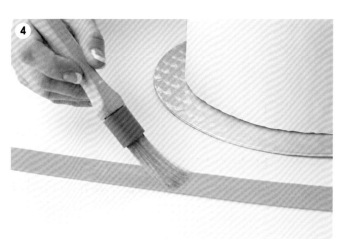

5　滑动条带到蛋糕边。

6　将条带粘到蛋糕上。

装饰边刀具可用来切出带装饰性的边。

注意撒的粉

　　撒上珍珠粉或闪光粉使缎带看起来有闪亮、织物的感觉。在撒粉时，注意别洒到蛋糕上。另一个选择是缎带在粘到蛋糕上之前就撒粉。在往蛋糕上粘缎带时要格外注意，撒粉留下的指纹会让蛋糕看起来不整洁。

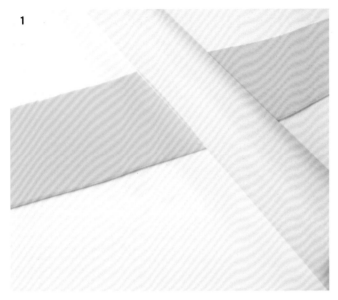

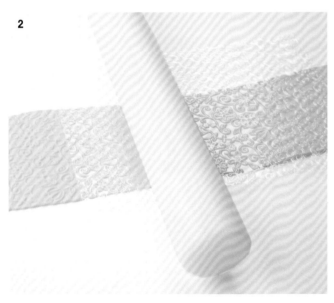

带纹理缎带的制作

1 50：50面糊揉至软，玉米粉撒工作台上，擀薄或用压面机的2#挡（1.25毫米）。条的长度应比蛋糕周长约长1.3厘米。

2 将纹理垫放在缎带上。用力压纹理垫，在离垫子边缘5厘米处停止用力。拿起垫子，放至已压好花纹前5厘米，继续加满纹理。

3 用尺子量好高度，切取需要的高度，翻面，刷裱花胶。

4 将缎带粘到蛋糕上。

5 将其余缎带粘到蛋糕上。

带花纹的擀面杖可替代纹理垫，擀时用力要均匀，要擀满缎带。

翻糖缎带可用锻质材料替代，用少量皇家糖衣粘缎带。奶油蛋糕不适用缎质材料的缎带，因为可能在其上会有油点。

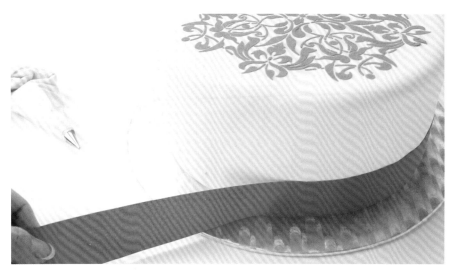

做垂挂装饰前等分和标记蛋糕

若向在蛋糕周围装饰挂饰，那么均匀蛋糕和每个挂饰的高度一致就很重要，否则看起来不均衡。在加垂挂前先量好尺寸，会保证挂饰被均分。

智能标记仪

在冷凝的奶油蛋糕或刚覆好翻糖的蛋糕上用智能标记仪。若蛋糕周边也要标记，标记仪每一个孔都要用到。这会为小垂挂留下空间。如果垂挂较大，就每隔一个孔做标记。然而，最后一个垂挂就会变短。可以从蛋糕背面开始标记，这样短的那个就在后面了。

1 将智能标记仪放蛋糕上，根据蛋糕周长标记相应环形。智能标记仪上均匀分布着小孔，用尖锐工具插进孔内，如划线工具或牙签，标记在蛋糕上。

2 智能标记仪套装包含几种用于蛋糕周边的图案。用这些标记仪在蛋糕周边压出标记，垂挂或用线条装饰（或其他图案）可沿标记装饰。

1

定做纸垂饰

1 在蛋糕周围绕一圈纸带，与蛋糕周长等长切下。

2 纸带长边对折。

3 再接着对折，直至达到所需的尺寸。

4 沿圆形刀具的外圈，用铅笔画出扇形，剪纸垂饰形。若扇形比需要的高，则将顶部切下一些。

5 扇形带包在蛋糕周围，最底端应距蛋糕底座0.6厘米。在垂饰夹角处用大头针固定住，用针形工具或牙签沿扇形扎出小孔做标记。

2

3

4

5

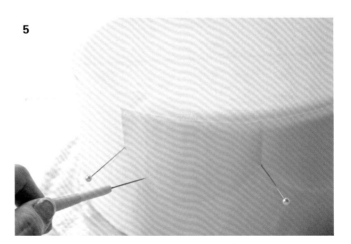

褶皱装饰的制作

加了褶皱的蛋糕有种精致的感觉。褶皱可以仅剪切50∶50面糊条，也可以用褶边刀具来做褶皱。用褶边刀具制作的褶皱具有自然曲线，然而褶皱图案却很有限。直褶边刀具风格多样且褶皱宽度不同。最好的效果用50∶50面糊制作，胶糖或翻糖也可用。

用刀具制作褶皱

1 用智能标记仪（P210）均分每个褶皱，做好标记。图中所示是每隔一个孔做标记。

2 将50∶50面糊揉至软，工作台撒玉米粉，擀薄或用压面机4#挡（0.6毫米）。

3 玻璃板或塑料垫上抹薄薄一层固体植物润滑油，擀薄的面饼放在上面，用褶边刀具切形，将中心圆形取走。

4 用削皮刀或抹刀的刀刃将圆环切一个缺口。

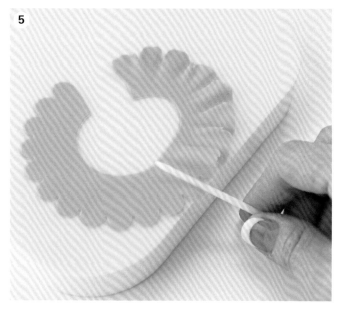

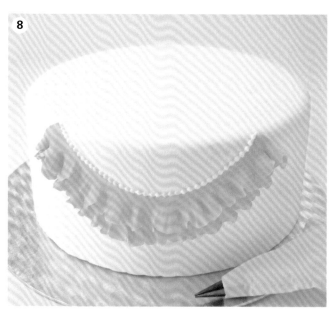

5 将切好的带置于泡沫板边缘，用造型棒前后压薄边缘并压皱，压力大小决定了褶的大小。

6 做标记的地方裱上裱花胶，将褶皱垂饰粘到裱花胶上，垂饰呈自然下垂曲线。曲线形成后，在垂饰背面涂裱花胶使其固定。

7 也可以加更多层的垂饰，在第一层褶皱的上边涂裱花胶，在上面粘第二层褶皱，曲线相随。

8 在边缘处再裱一圈小球，完成最后的工作。

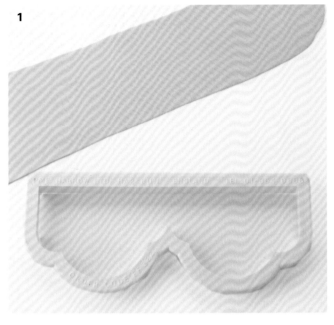

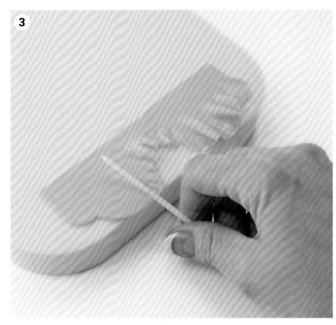

直褶边刀具

1 将50/50面糊揉至软，工作台撒玉米粉，擀薄或用压面机4#挡（0.6毫米）。

2 在玻璃板或塑料垫上抹薄薄一层固体植物润滑油，擀薄的面饼放在上面，用直褶边刀具切形。

3 将切好的带置于泡沫板软面的边缘，用造型棒前后压薄边缘并压皱，压力大小决定了褶的大小。

4 轻轻将压好的褶翻面，在其背面裱些裱花胶小点。注意不要将小点裱到褶皱的边缘，否则放到蛋糕上会渗出。

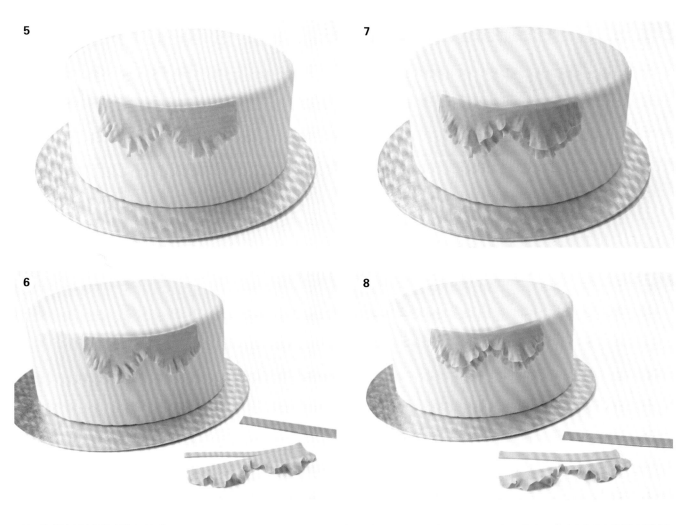

5

7

6

8

5 将褶皱粘到蛋糕上边缘。

6 可加更多层的褶皱,第二层的上
  边要剪去约0.6厘米。

7 将第二层褶皱翻面,在其背面抹
  裱花胶,粘蛋糕上。

8 若有需要,再加其他层。褶皱上
  边都要剪去一些,稍比前一层
  长即可。

9 其他层的褶皱背面抹裱花胶,粘
  蛋糕上。最后在褶边上裱一圈
  花边。

9

其他制作褶皱刀具

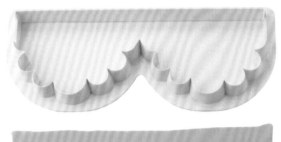

扇形刀具。

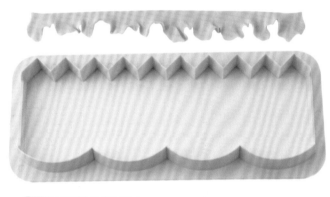

一些双面刀具,在一把刀具内有两种设计方案。

精致的小扇形刀具。

镂空刀具,很别致。

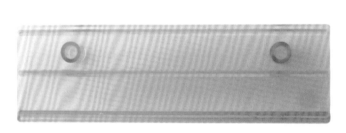

带状刀具,是很好的制作基本直褶边的刀具。用这种刀具最容易制作褶。

褶皱可以有几层,且能用不同方式装饰。图中这款是由深粉色铺在底层,再上一层是浅粉,直至最上一层是白色的。

微调褶皱

· 如果压褶工具粘到褶皱上,则在工具上撒些玉米粉。
· 在压褶时,多试验几次,用不同压力直至得到想要的效果。

图中这个褶皱上用皇家糖衣裱些精致的粉色小点。褶皱冷凝前上边缘加了些褶皱。

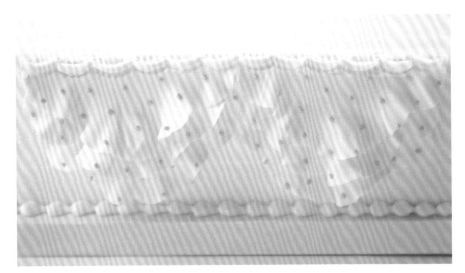

用剪下的简单小花点缀褶皱。用平刷将用水稀释过的粉色食物颜色刷到褶皱边缘。最后在褶皱上边缘加一圈简单的皇家糖衣粉色边。

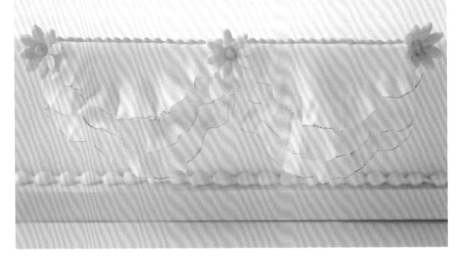

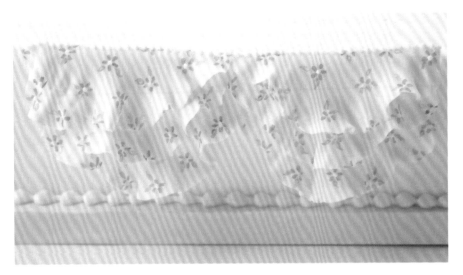

用食物颜色在褶皱上刷出织物纹理，最后在上边加精致的花边。

下垂褶皱的制作

织物感觉的下垂褶皱挂在蛋糕上是雅致的装饰。50∶50面糊是制作下垂褶皱最好的材料。胶糖干了会变得很硬，使蛋糕切起来不太容易。而50∶50面糊的强度和延展性都比翻糖好，切时却不太硬。面糊要擀得很薄，这一点很重要，这样垂饰看起来不会太重。

垂褶的长度可不同，长褶可挂在大一点的层上。若需要宽的垂饰，则将两个5厘米×20厘米的拼在一起比制作一个10厘米×20厘米的容易。垂褶越大，越不容易均衡。

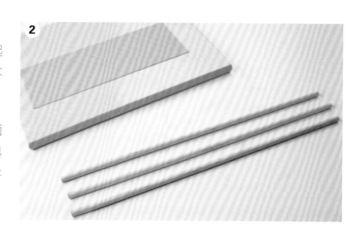

1　将50∶50面糊揉至软，工作台上撒玉米粉，擀薄面饼或用压面机的5#（0.4毫米）挡。玻璃板或塑料板抹薄薄一层固体植物起酥油。擀好的面片放板子上，切成5厘米×20厘米的长条。

2　在工作台上将圆木棍并排摆放好，相隔约0.3厘米。

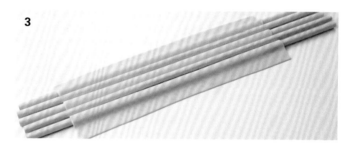

3　切好的条置于木棍上，在第一层木棍中间再放木棍，轻轻推紧木棍，使靠近，中间不留缝隙。

4　小心地将所有木棍都拿起来，翻面。如果松动了就再推紧木棍。沿长边刷食用胶。

5　将长边折一下，使边缘光滑。

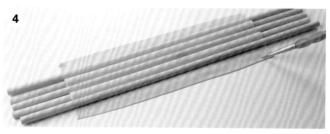

6　将褶皱翻面，撤除木棍。

7　两端捏在一起形成褶。

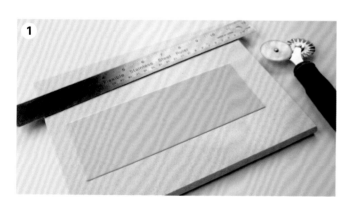

8 用食用胶或裱花胶粘到蛋糕上。

9 再加几条垂褶，在垂褶连接处粘花或装饰物。

　　如果想要缎子般的效果，可在垂褶上撒珍珠粉或闪光剂。

　　被擀薄的面饼可用纹理棒加上纹理效果。

6

7

8

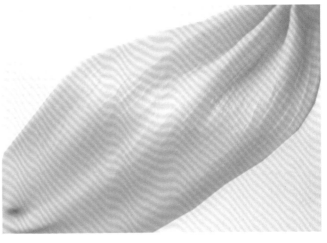

外罩装饰的制作

　　外罩装饰是用50：50面糊制作出有罗纹效果的条带。若包裹整个蛋糕就需要好几条带子。细线和小点裱在条纹上，产生刺绣般的外罩织物效果。传统的外罩是手工制作，手工制作的翻糖外罩是一项严谨、费时的技术。用一些工具辅助会使得制作50：50面糊外罩容易一些。

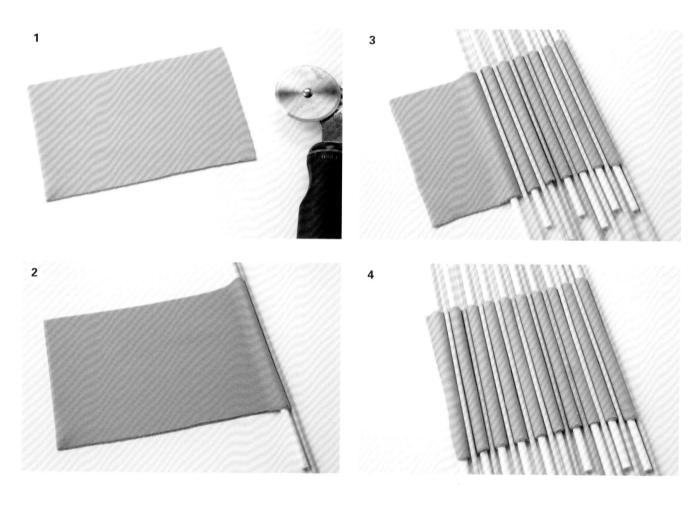

1

2

3

4

手工制作外罩

1　将50:50面糊揉至软，工作台上撒玉米粉，擀薄面饼或用压面机的5#（0.4毫米）挡。切需要的高度。

2　将面饼一端卷到棒上，在其上放一个竹扦。

3　面饼下再放一些棒，而上面接着放竹扦使产生褶皱。

4　继续放完棒和竹扦，搁置几分钟使其变硬。

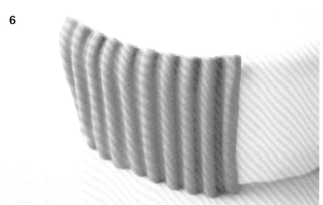

5 木棍和扦子都抽走，将褶皱翻面，背面刷薄薄一层裱花胶。

6 将褶皱粘到蛋糕上。如果蛋糕整个都包上，就要做几个褶皱，连接处要紧密。

掌握好时机

··

　　手工制作外罩时，时机很重要。打好褶的胶糖需要放置几分钟冷凝，这样往蛋糕上粘的时候就不会塌落。不过时间放太久，在做外罩时就会很硬，会开裂或碎掉。

··

制作外罩节省时间的技术

　　带浮雕图案的组合刀具使制作外罩更容易。

1 将50∶50面糊揉至软，工作台上撒玉米粉。擀足够大的面片以适应刀具大小。面片擀至0.3厘米薄，组合刀具压进面片。拿起刀具。

2 按蛋糕高度切下已压出花纹的面片，用裱花胶粘到蛋糕上。

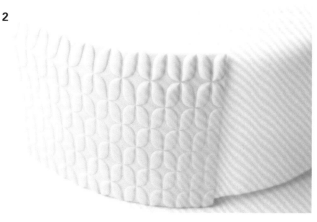

外罩纹理垫

1 将50：50面糊揉至软，工作台上撒玉米粉。面片擀至0.3厘米薄，放在纹理垫上，用力压出花纹。从垫子一端擀到另一边，不要来回擀。

2 将压上纹理的面片切与蛋糕高度一样。

3 背面刷裱花胶，粘到蛋糕上。

外罩造型棒

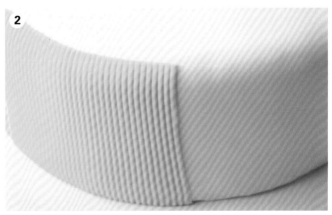

1 将50：50面糊揉至软，工作台上撒玉米粉。面片擀至0.3厘米薄，用外罩造型棒擀。

2 带纹理的面片切出蛋糕高度，背面刷薄薄一层裱花胶，粘到蛋糕上。

装饰外罩

可以用1#裱花嘴在外罩上裱出对比色的细节，小点和细线将产生迷人的效果。

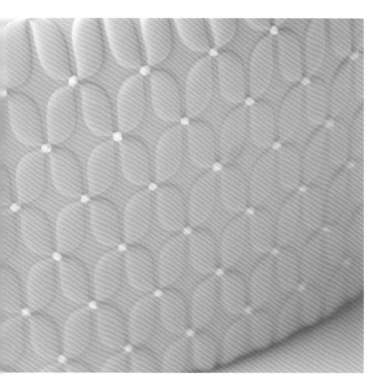 

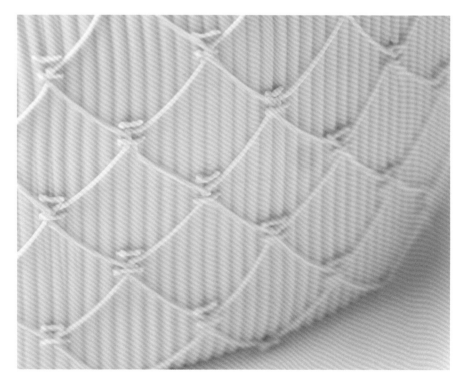

镂空装饰的制作

　　镂空装饰，也称英格兰刺绣，是一种加蕾丝效果的技术。翻糖切出想要的形状，放在蛋糕上，趁翻糖还软时，用镂空刀具刻出花纹。

1 翻糖揉至软，擀至0.3厘米薄，切需要的形状。

2 拿起切好的形，翻面，刷一层薄薄的裱花胶。放在蛋糕顶面或侧面，注意不要拉伸。

3 用镂空刀具雕出图案。

4 用针去掉多余部分。

5 用小球形工具把图案压得更凸显，这样雕花更软，不会有刀具切的样子。

6 用细裱花嘴，如0#，在镂花周围裱花。

7 镂空翻糖片周边裱一些小圆点，或者裱一些线条，呈现出缝合设计。

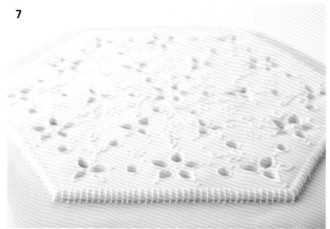

模具或刷子底端也可用来产生镂空图案，持圆锥形工具呈45°角雕出泪滴图案。

用球形工具雕出圆凹效果，持球形器呈90°雕刻。

注意：

· 雕刻图案时，刀具要深深压入图形中，如果翻糖包裹的蛋糕还软，镂空刀具可能透过面片压到下面产生更深的图案。所以要注意别太用力压到蛋糕上，否则烘焙的蛋糕将变形，潮湿也将影响外观。

· 小心使用镂空刀具，压入刀具有可能在翻糖上留下刀具底的圆形，雕刻后要立即清除不想要的圈子印。

胶糖制作羽状褶皱装饰

纸制羽状装饰是一种很高超的技艺，流传了几个世纪。纸条卷起产生复杂粗细的图案，用薄如纸的胶糖模仿这种技巧，可制作花朵、叶子、字母和多种卷曲的东西，产生令人惊异的图案。

1 将胶糖揉至软，工作台上撒玉米粉，擀薄面饼或用压面机的6#（0.3毫米）挡。玻璃板或塑料板抹薄薄一层固体植物起酥油。用刀刃切6厘米×25厘米的长条。

2 条的一端抹少量食用胶，开始卷条。

3 卷好的条侧放，继续盘绕。末端抹少量食用胶，使其固定。

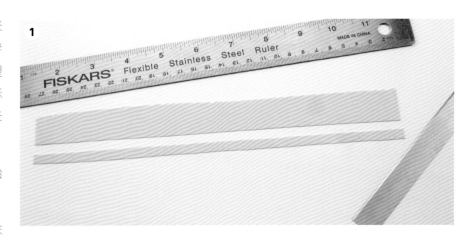

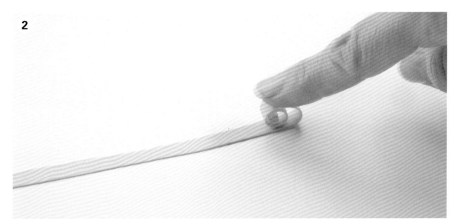

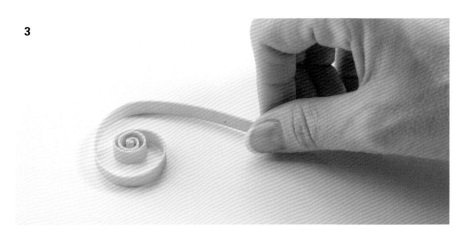

4

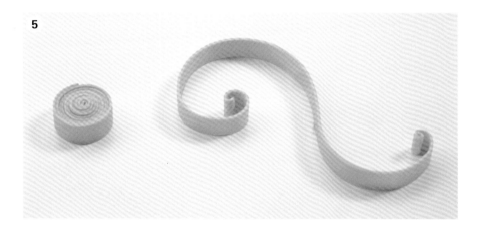

5

制作羽状褶皱要点

· 若胶糖擀得不够薄，条会很重，侧放时会倒下。
· 工作要迅速，否则在卷的时候胶糖干了条会裂。

4 捏曲线形成角，产生不同的形状。在一角捏曲线形成花瓣，捏曲线相对角形成叶子。

5 卷条时既可卷得很紧也可很松，紧的可做花蕊，松的作茎和字母。

6 卷好的形状晾干几小时或一夜。摆放在蛋糕上，或者在底下抹一点食用胶粘到蛋糕上。

6

手工造型基础

接下来的几部分为手工造型，如手工动物和人物。手工造型最好用胶糖，其稳定性最好。本章包括5个基本的手工造型，每个动物或人物造型都会用到其中一些造型。在造型前，胶糖需揉至软并搓光滑。工作台面和手一定要干净，因为胶糖很容易粘小灰尘。

球形

所有造型都从球形开始，面糊放在手掌中间轻揉直至形成一个周正的球形。

卵形

先揉一个光滑球形，用手揉压出Ｖ形，前后揉搓球直至一头逐渐变细。

泪滴形

泪滴形有点像卵形。先用手揉压出Ｖ形，再前后揉搓球直至一头逐渐变细。泪滴形揉得越长，整个造型的尖端也越尖。

圆柱形

揉一个光滑球形，将球放台面上再用手掌揉。要注意揉的力道要一致，这样圆柱形才能粗细均匀。用手指揉出来的圆柱形不均衡。

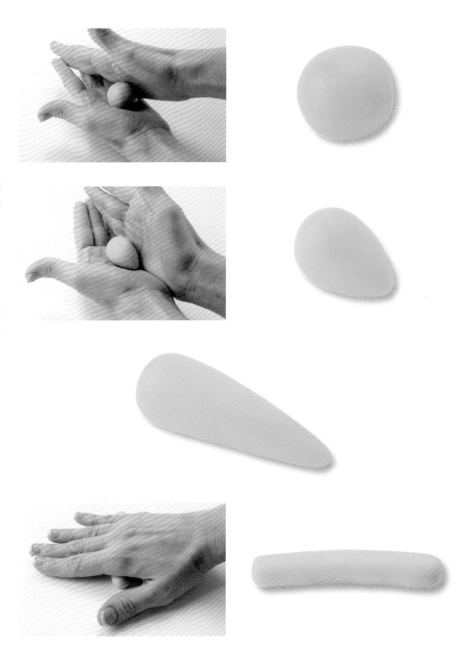

带曲线的圆柱形

在制作胳膊和腿时加上曲线很重要。没加曲线的胳膊和腿就像意大利面条。将圆柱形放工作台上，用食指揉搓即可产生曲线。

也可以将圆柱形拿起来，用大拇指和食指揉搓形成曲线。注意，若胶糖太软，圆柱形会伸长。

去除褶皱

若见到造型有褶皱出现，可将胶糖放手掌中紧压，压平使其光滑。胶糖变平和光滑后，再揉成球形。如果还有褶皱，在揉前手掌上抹点起酥油。

造型工具

手工造型时，多功能尺是很有用处的一种工具。这是带柔韧薄刃的工具，可轻易切断胶糖。刀刃前后滑动并轻轻切断胶糖。不要快速、直接向下切，否则胶糖会出现平边缘。

多种球形工具，用于雕刻最好。

圆形裱花嘴用于雕刻嘴，两头都可用。一端雕刻小嘴，另一端雕刻出宽嘴巴。

手工造型的动物

　　手工造型或手工造型动物是一种可爱的装饰，放在蛋糕或杯形蛋糕上。本章所讲是立着和坐着的动物最基本的身体造型。变换面孔、耳朵和尾巴就会区分各种不同类型的动物。胶糖很适合制作手工造型动物。动物每一部分所需胶糖用克计算，克数比较精确。

立着的动物

　　立着的动物是最易造型之一，比较容易学会。

1 胶糖揉至软，制作出泪滴形用来做身体（26克）。

2 弯曲泪滴形，形成颈部，类似于佩斯利花纹。

3 擀一个圆柱形。

1

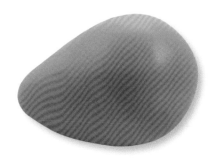

2

3

4

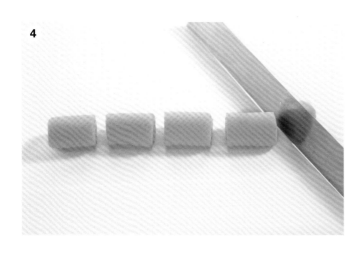

7

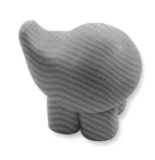

5

8

6

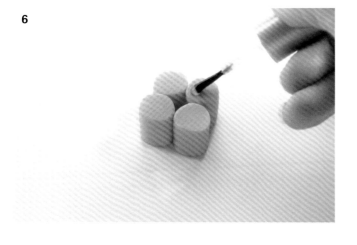

9

4　用刀具切4等份。

5　立直4个圆柱形，制作腿。

6　圆柱形顶端刷食用胶。

7　将身体安放到腿上。

8　颈部插一个牙签或干的意大利面。

9　身体、颈部和腿都可以拉长，可变成又长又瘦的动物，如长颈鹿。

坐着的动物造型

这些坐着的角色像填充动物玩具，容易造型且很可爱。身体、胳膊和腿都能被拉长，做成长手臂动物，如猴子，或者保持短胳膊，做成圆胖的动物，如胖泰迪熊。

1

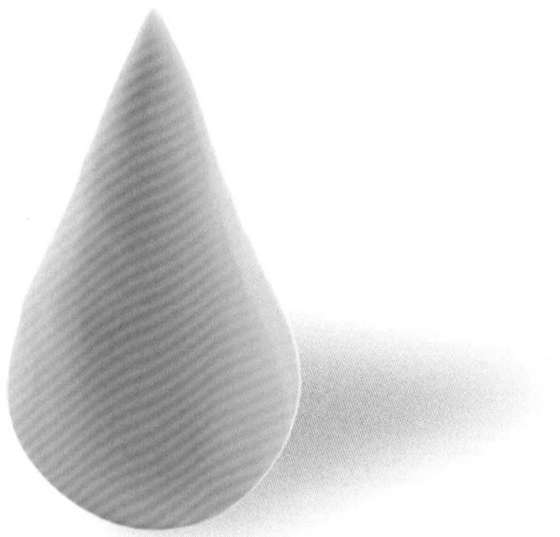

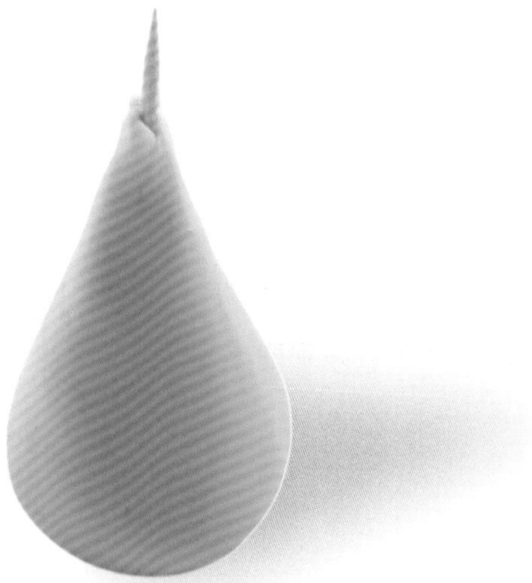

3

2

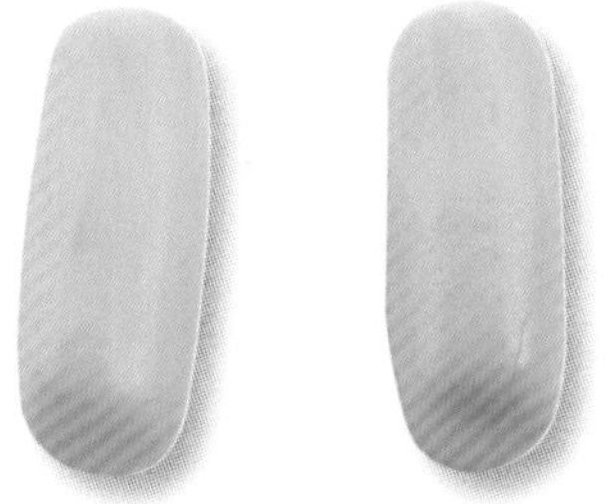

4

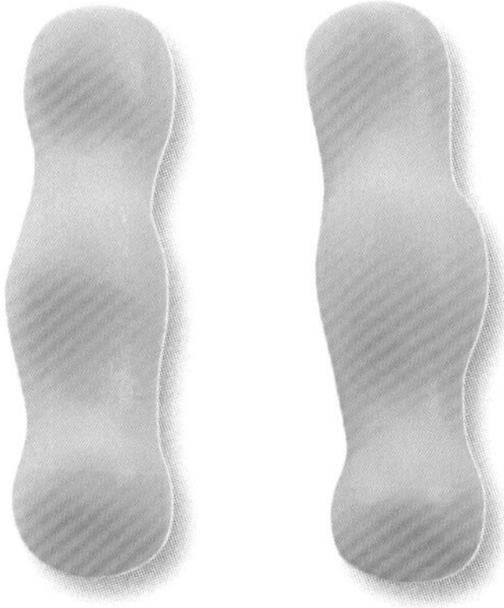

1 制作泪滴形作为身体（每个25克），圆锥向上直立。

2 圆锥内穿过一个牙签。

3 揉两个圆柱体做腿（每个7克）。

4 在圆柱体上加曲线，并估测制作大腿、脚踝和脚。

5

7

6

8

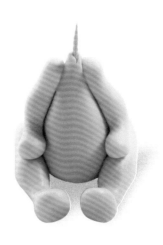

5 用食用胶粘到身体上。

6 揉两个圆柱体做胳膊（每个3克）。

7 加曲线并估测制作肩膀、手腕和手。

8 用食用胶粘到身体上。

挺立的方法

· 如果制作出的动物凹陷，说明胶糖太软了，可在胶糖里揉进一点泰勒粉，使其变硬。
· 牙签的作用是在造型时让其稳定。牙签也可能是扎伤人的隐患。用牙签后，要让食用蛋糕的人知道，建议他们在食用前将造型拿开。千万别把牙签切断或用一小截。干意大利面和其他细面条都可用来替代牙签，不过干面条更易损，在造型时有可能断开。

圆脸动物

在站立和坐着的身体制作完成后，就要做脸的造型了。按P230~233介绍的身体比例，脸应用13~14克。这里介绍镶嵌的眼睛是用球形工具和黑色翻糖制作的，见P245制作眼睛的其他方法。

1 揉一个球体做头（13~14克），在做造型时，把球放在花朵成型器中，使之保持圆形。

2 小球中心处用小球工具压出两个凹形做眼睛。

3 用削皮刀或薄的小抹刀在眼眶边上加个V形。

4 揉个小球形做口。

5 球形压扁形成椭圆形。

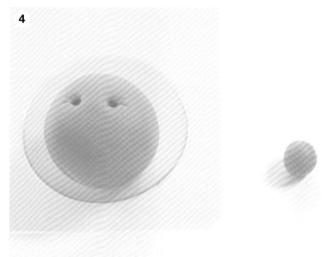

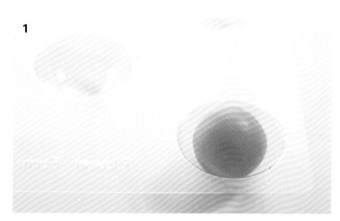

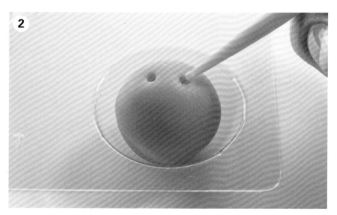

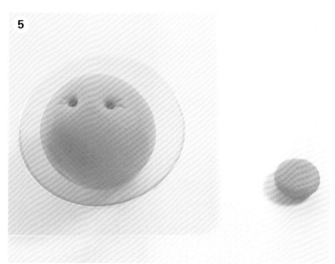

6

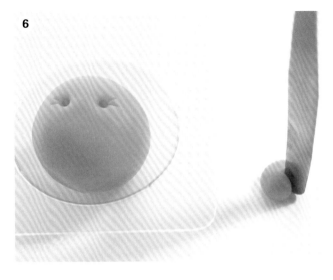

9

7

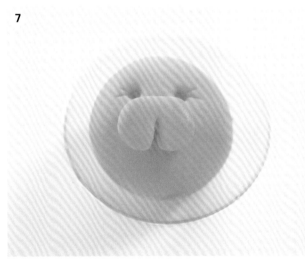

10

8

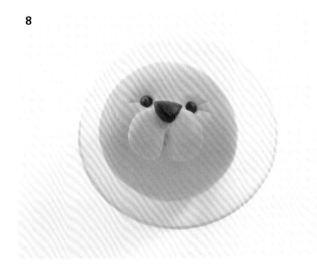

6 在椭圆形中心处切开。

7 用食用胶将口粘到脸上。

8 揉两个小球做眼睛。在眼眶里涂点食用胶，将眼睛粘上。再揉一个小球做鼻子，将球压扁呈三角形做成鼻子造型，用食用胶粘到口上。

9 牙签上涂少量食用胶，将脸粘到身体上。

10 将耳朵粘到头上。很多动物的耳朵摆放位置在10点和2点。猴子的耳朵最好放在头中心处（9点和3点位置）。

椭圆形动物脸

长脸的动物如马、长颈鹿、斑马和羊，其脸都是从卵形开始的。

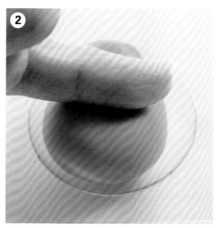

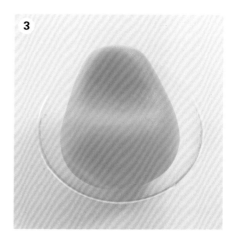

1 制作卵形。

2 将卵形放在花朵成型器中，用小手指压出凹形做鼻子和额头。

3 按做圆脸造型第2～10步骤做出椭圆形脸。

动物的耳朵

动物不同，耳朵的造型和尺寸也不同。

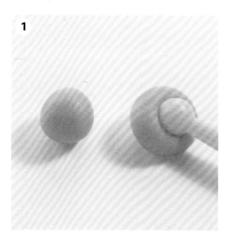

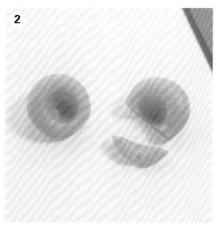

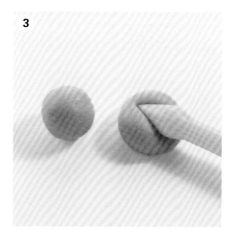

1 圆耳朵的造型是通过用球形器压等大的球，形成杯形，作为耳垂。

2 切下耳垂底端1/4，这样耳朵造型跟头就和谐了。

3 尖耳朵的造型是先制作两个等大的球形，再用锥形工具压出杯形，形成耳垂。

4 用锥形器抻长耳朵。

5 将耳朵底端1/4切除，这样耳朵的造型与头更和谐。

6 扇风耳的造型是将两个等大的球形用圆形工具或刷子的底部压出杯形。

7 用工具抻长耳朵。

8 耳朵两端捏在一起形成泪滴形。

9 将耳朵底端切除1/4，这样耳朵跟头可更好地融在一起。

4

7

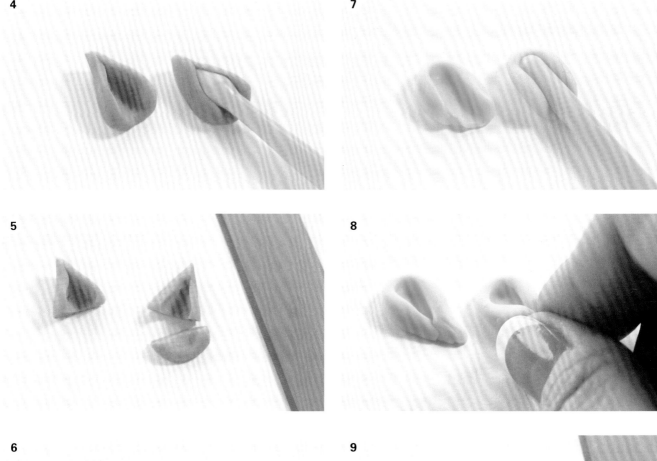

5

8

6

9

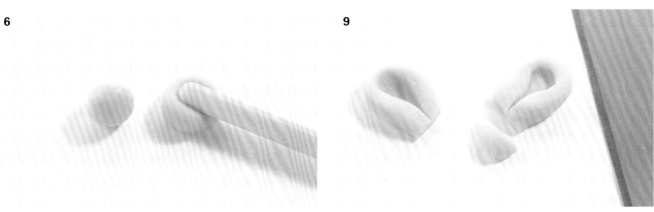

动物的尾巴

　　这里介绍的尾巴可用在立着和坐着的动物身上。长尾巴和弯曲尾巴要提前几个小时就做好，这样往动物身上粘的时候已经干了，才不会不成形或断裂。短尾巴任何时候都可以粘到身体上。

1

2

1　搓一个细圆柱形做长尾巴。

2　弯成想要的形状，用食用胶粘到身体上之前，晾干几个小时。

1

2

1　揉一个球形做毛茸茸的尾巴。

2　用星形裱花嘴如16#做出纹理，用食用胶粘到身体上。

1

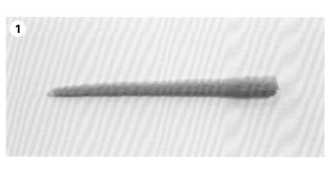

2

1　揉一个细圆锥体做卷曲的尾巴。

2　将细圆柱形缠绕在牙签上，晾几个小时，用食用胶粘到身体上。

1

1 制出一个圆锥体做粗短尾巴。

2

2 弯曲尾巴呈旋转样，用食用胶粘到身体上。

在动物身上加对比图案

用浓缩食物颜色在动物身上画图案，待上一种食物颜色完全晾干再画另一种。

胶糖擀薄，制成各种形状和尺寸，本图粘到动物身上呈现斑点效果。

手工造型的人物

本章讲述站立和坐着的人物造型。身体、脸、手和脚要提前一天制作。第2天给眼睛加细节，雕头发。人物造型所用的胶糖量用克数列出。

1

3

2

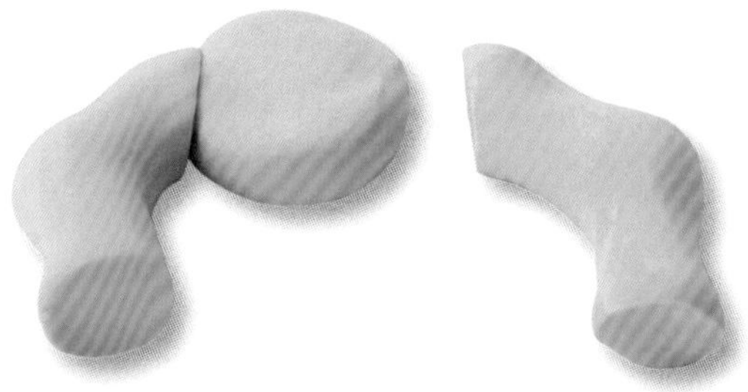

4

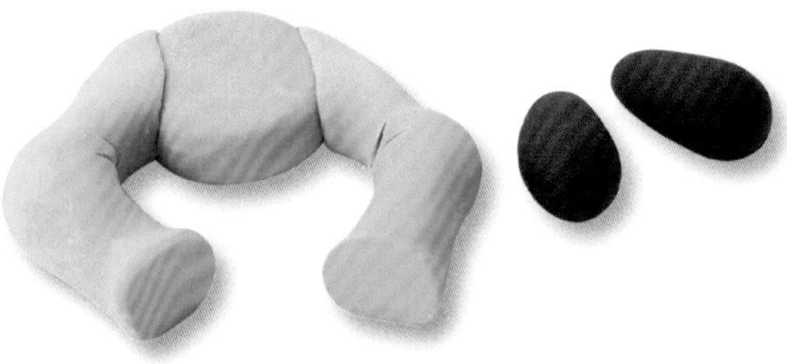

坐着的人物造型制作

1 制作一个球（10克）做腰，制作两个圆柱体（每个18克）做腿，颜色跟腰一致。

2 将腰压平，圆柱体加曲线形成膝盖和脚踝。

3 腿上部切一角度，用食用胶粘腰上。

4 弯曲的膝盖内侧用削皮刀切出纹路。制作两个卵形做鞋子（每个3克）。

5 制作两个圆锥形（每个6克）做胳膊，一个圆锥形（19克）做上半身。

6 用食用胶将上半身粘到腰上，胳膊上加曲线形成腕和肘，用削皮刀在肘弯处切出纹路。轻压卵形，给鞋加上立体形。

7 用食用胶将鞋和胳膊粘上。

8 轻压牙签穿过上半身，按P243的介绍制作头。头穿过牙签与上半身连起来。按P248的介绍制作手，每个手是1克。头放置几小时或过夜使其变干，最后加头发，完成人物制作。

5

7

6

8

1

3

2

4

站立人物造型制作

1 制作两个球形做鞋子（每个3克），制作一个球形
（10克）做腰，揉两个圆锥形（每个11克）做
腿，颜色跟腰的一样。

2 将腰的那个球形压平，做鞋子的球形揉成椭圆形。
轻压鞋子加出形，腿加曲线形成膝盖和脚踝，轻插
一个竹扦，穿过腿，小心别破坏细节。

3 鞋子放聚苯乙烯泡沫上，鞋底面加一点食用胶。将
插了竹扦的腿插进鞋子和泡沫中，腿上面刷一点食
用胶。将腰穿过竹扦，安放在腿上面。制作一个圆
锥体（19克）做上半身。制作两个圆锥体（每个6
克）做胳膊。

4 腰上面刷食用胶，将上半身的那个圆锥体插上。
胳膊加曲线形成腕和肘，在肘弯处用削皮刀切出
褶皱。

5

5 用食用胶粘上胳膊。脖子区域加一点食用胶。将一
个牙签轻压进上半身。按下面的介绍做出头，将
头也穿过牙签。按P248的介绍制作手（每只手1
克）。头放几小时或过夜晾干。最后加上头发完成
人物制作。

手工制作脸

1 制作一个卵形（13克）并放到花朵成形器中。

2 脸的中心处做出一个凹口。

3 捏下巴使卜颌突出。

4 用圆形蛋糕装饰裱花嘴（如1A#裱花嘴）加嘴。

5 给脸选一款眼睛。P245有制作眼睛的各种技术。若制作空洞型眼睛，用球形工具压出两个凹洞。若用另一种制作眼睛的技术，就不要挖洞了。

6 揉一个球形做鼻子，用食用胶粘到脸上。制作两个小球做耳朵，用球形器压耳朵，形成耳廓，将耳朵粘到脸上。

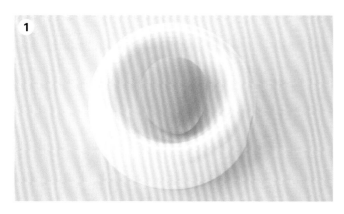

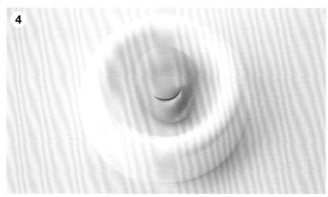

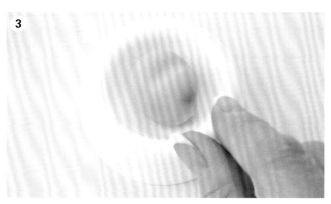

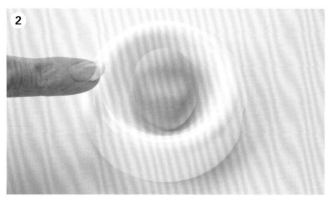

面部器官的安放

　　手工制作脸时，按照下面这些指导来制作，可学会一般脸部器官的安放。从额头至下巴将脸分三等分。眉线位于上1/3的下面，眼睛正好在中线之上。鼻子处于下1/3的上面。耳朵在中心。这是普遍规律。改变脸上器官的尺寸和安放位置，则面目不同。

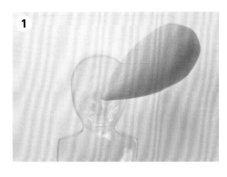

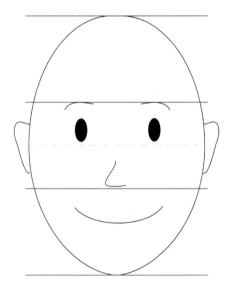

用模具制作脸

1　制作一个泪滴形。将泪滴形的顶端从鼻腔放进模具。

2　挤压翻糖形成头部，头后部要保持漂亮的圆形

3　将脸从模具中取下，抹平出现的缝隙，放在花朵成形器中。

4　在鼻孔处扎两个洞。用圆形蛋糕装饰裱花嘴（如12#裱花嘴）加出嘴形。用球形工具在眼睛处压凹洞，根据下面的介绍制作完成眼睛。

5　制作两个小球做耳朵，用球形器加耳廓，粘到脸上即可。

制作眼睛

1 揉两个等大的白球，在眼眶中刷一点食用胶，将眼球放进眼眶里。眼球放的位置要准确。若眼球太小，眼睛看起来塌陷；若眼球太大，就会突出来，有点睁眼的感觉。

2 白色眼球放置几小时晾干，用小刷子刷食物颜色或用细马克笔刷出彩色虹膜和黑色瞳孔。再勾勒出眼睛的轮廓，加上睫毛和眉毛。待眼睛全干，用白色食用色在黑瞳孔中点一个小点。

眼睛也可以用两个等大的黑色胶糖球来做。在制作面孔时用球形器挖出两个凹洞。每只眼睛旁边用削皮刀刻V形。凹洞中刷一点食用胶，将揉好的球塞进凹洞。如果球太大会使脸看起来不自然，所以眼睛应小一点。

眼睛也可以画出来。脸上不用挖凹洞。用白色食物颜色画眼白部分，待干透，用小刷子或细马克笔画彩色虹膜和黑色瞳孔，再勾勒出眼睛轮廓。

匹配的眼睛

在制作眼睛时，先揉一个球，再揉另一个。千万别揉完一个就放眼眶里，再揉另一个，不比较就复制出两个一样的球很难。

界定年龄

　　每个角色脸型开始时都一样，但通过改变器官的尺寸和位置，使每个角色看上去年龄会不同。很多脸做时都遵循P244的普通原则，脸上器官安放的不同即可改变年龄，眼睛放置的高些会使脸看起来更长也更老。

　　婴儿和儿童脸上的器官应该小一点，鼻子、耳朵和眉毛都应小一些。男人的器官应夸张些。器官越小巧，年龄越小。比较脸的不同，注意随年龄增长，器官尺寸的变化，鼻子和耳朵随年龄增长变大。婴儿和儿童的眉毛应画上去，男性的眉毛则用胶糖粘上去看起来很好，而女人不论什么年龄画眉毛都是不错的选择。

表情

眼睛和嘴是最好诠释表情的器官，看一下情绪多变的朱迪的造型和角度，她的脸型是一样的，鼻子和眼睛的尺寸也一样，眉毛的角度和嘴的位置使她表情瞬息万变。

惊讶的朱迪

惊讶时眉毛是弯的，嘴是张开的。用球形器挖一个深些张大的嘴，变硬后用黑色马克笔把嘴里面涂上黑色。

生气的朱迪

眉毛立起，嘴是生气的表情。

高兴的朱迪

高兴时眉毛是自然的位置，带着笑意，用裱花嘴制作出微笑的表情。若需要咧嘴笑的效果则用球形器打开嘴巴，变硬后用黑色马克笔把嘴里面涂上黑色。

伤心的朱迪

伤心时眉毛稍下弯，用圆形蛋糕装饰裱花嘴制作皱眉效果。

手和脚

　　手和脚看起来很难掌握，实际上很容易做。做时如果不快点，由于手指、脚趾很小，塑形时就有可能干透、起皱纹或掉了。手有4个手指，脚有4个脚趾，这样使人物有卡通的感觉。如果人物要求写实，就切5个手指和5个脚趾。胶糖所需用量要与前面所制作的坐着和站着人物相匹配。手需要1克，若胳膊也要一起做（见图），则需要4克。若需要做简单的卵形鞋或只是做脚，每只鞋需3克胶糖，若还要做腿，就要6克了。

手

1　4克胶糖揉至软，做一个圆柱体当胳膊。

2　用拇指和食指揉捏出手和手腕的曲线。

3　手压平。

4　用刀切出手的形状。

5　再用刀切出其他3个手指。

6　将手指分开，用拇指和食指揉搓每个手指，使其变光滑并拉长每根手指。

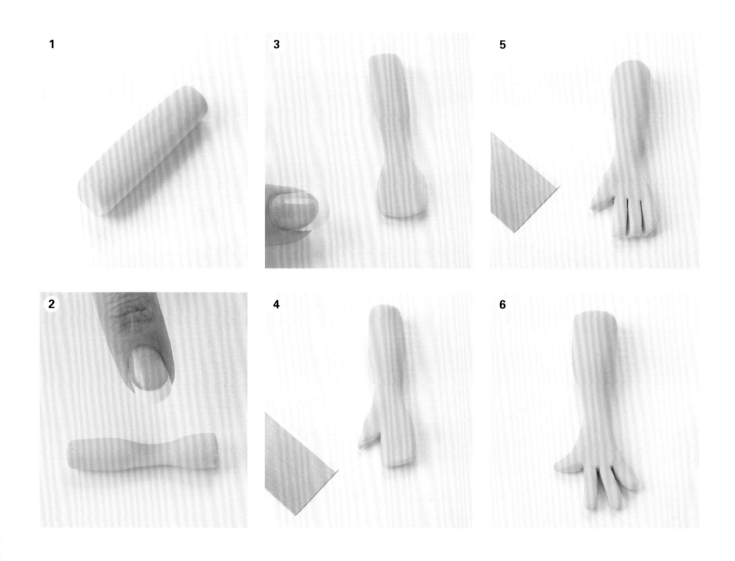

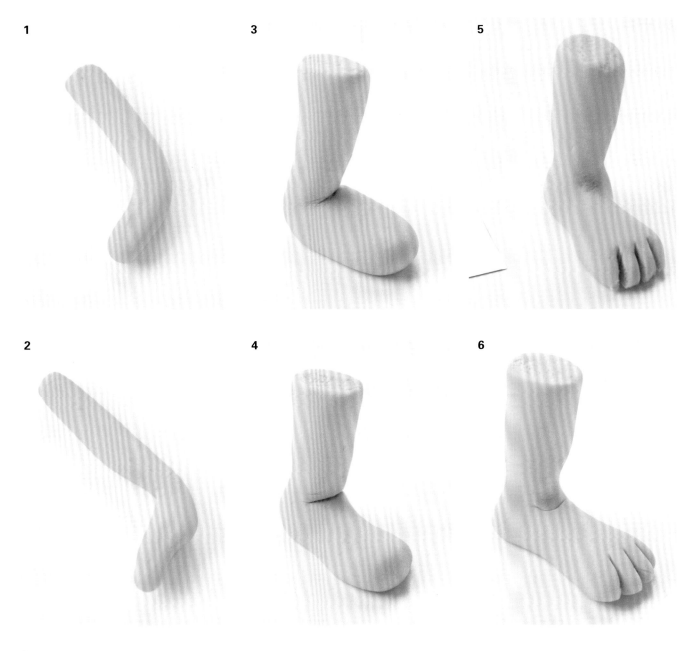

1   **3**   **5**

2   **4**   **6**

脚

1　6克胶糖揉至软，做一个圆柱体当腿，弯曲圆柱体使脚成形。

2　用拇指和食指揉捏，使脚踝处产生一个曲线。

3　拉出脚后跟使其突出，让脚站立，轻轻压平脚底板。

4　捏脚中部产生弧形。

5　脚压平，使其向下平摊开。用刀切3下形成脚趾。

6　用手指将每根脚趾搓圆并搓光滑。

头发

　　在加头发前，头至少要晾干24小时。短头发在头变硬后随时可加，长头发做好纹理后，立即将头安放到身体上，这样头发就会在肩头成形。

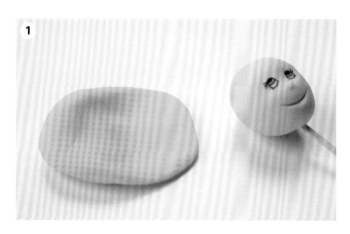

直发

1　揉一个球，根据头发长度的要求，压薄成不规则椭圆形，一端比另一端压薄一些。

2　在粘头发的地方刷食用胶，将椭圆形的薄端粘到前额处，用削皮刀刻线条（不要刻太深）。

3　用削皮刀刻至头发底部，分成一缕一缕的。

小卷

1　揉一个球，根据头发长度的要求，压薄成不规则椭圆形，一端比另一端压薄一些。

2 在粘头发的地方刷食用胶，将椭圆形的薄端粘到前额处，用削皮刀分缝，再用牙签刻C形，产生卷发纹理。

3 继续在满头都加上卷发纹理。

小发辫

1 胶糖揉软，制成圆柱体，放进细孔黏土挤压器挤压出发辫。在需要粘头发的地方刷食用胶。

2 满头都加上小发辫。

成品展示

彩带装饰的生日蛋糕

所 需 材 料

- 20厘米×10厘米烘焙好的蛋糕，晾凉。
- 翻糖：叶绿色
- 奶油：叶绿色
- 裱花袋
- 裱花嘴18#
- 胶糖：红色、橘色、黄色、叶绿色、皇家蓝、粉色
- 小木棒
- 纹理垫，曲线造型
- 字母刀具，1和3

1 使用橘色胶糖提前一天制作出数字13，变硬后加插针，用红色、橘色、黄色、叶绿色、皇家蓝和粉色胶糖制作卷曲飘带。

2 根据方法2（P54），用压过花纹的翻糖条包覆蛋糕。

3 用18#裱花嘴裱一圈叶绿色奶油糖衣的小贝壳花边。

4 将13的插针插进蛋糕，插针留约2.5厘米。

5 安放彩色飘带，围绕在数字周围，用少量奶油糖衣或裱花胶固定。

所需材料

- 烘焙并晾凉的纸杯蛋糕
- 鸭子糖果模
- 胶糖：柠檬黄
- 食用色：橘色、白色和叶绿色
- 奶油糖衣：天蓝色
- 裱花胶：天蓝色
- 裱花刷
- 裱花袋
- 1A#裱花嘴
- 珍珠白糖果

1 至少提前一天用糖果模制作出柠檬黄胶糖鸭子，变硬后，加一个插针。

2 用水稀释后的橘色食用色刷在鸭嘴上，眼睛刷白色食用色，待干后，在眼睛中心刷一点叶绿色（经水稀释），要留一些白色，不要涂满。

3 用1A#裱花嘴将纸杯蛋糕裱出天蓝色糖衣，待糖衣冷凝。

4 冷凝后，刷天蓝色裱花胶。

5 在裱花胶上加白色珍珠，鸭子插在蛋糕上。

6 上桌前，将蛋糕放在纸杯托里。

泡泡鸭子装饰的纸杯蛋糕

海盗珍宝

所需材料

- 骨架平底锅
- 奶油：白色
- 翻糖：白色、红色、黄色、象牙色和黑色
- 可食用首饰
- 裱花胶
- 蛋糕切割机
- 蛋糕切割机基本底盘
- 荧光粉：金色
- 谷物酒

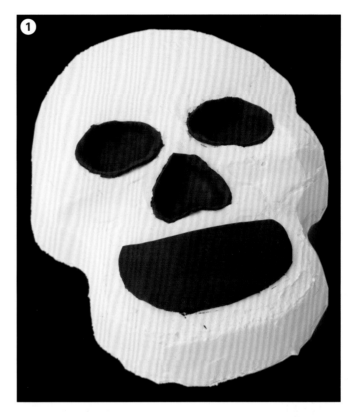

1　骨架蛋糕烘焙并晾凉，蛋糕放在卡纸板上，尺寸同蛋糕等大。用白色奶油包裹蛋糕，黑色翻糖擀薄，切出眼睛、鼻子和嘴的形状，用裱花胶粘到蛋糕上。

2　用黑色翻糖将卡纸板包好。

3　白色翻糖擀薄并盖在骨架蛋糕上，切下眼睛、鼻子和嘴形，小心别切到下面黑色。用牙签在头骨上划线条，将蛋糕滑放到黑色卡纸板上。

4　头骨上加一些做旧效果（P279）。

5　用白色翻糖手工制作牙，再用裱花胶粘到嘴里。

6　用2.5厘米和4厘米圆形刀具切些硬币。

7　用混合了谷物酒的金粉刷牙齿和金币（P268），在食用前确定将金牙移开。

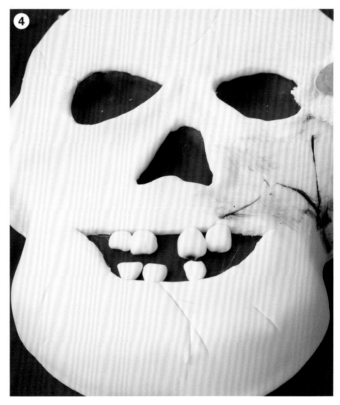

8　红色翻糖擀薄，做成头骨形状。切两个三角形做结。

9　用红色翻糖切名字。

10　象牙色翻糖擀薄成17厘米×23厘米的长方形，底端扯去有点烂掉的感觉，薄片卷起来，将薄片放蛋糕卡纸板上，用裱花胶固定，两端放泡沫以防塌陷。当翻糖变硬后，将泡沫拿开。

11　用糖醇（一种由精加工生产的蔗糖替代物。它的化学名称是异麦芽糖醇，其味道自然，热量很低）制作珠宝或买食用珠宝。

12　将珠宝和硬币摆放在蛋糕卡纸板上，用裱花胶固定住。

纸杯蛋糕

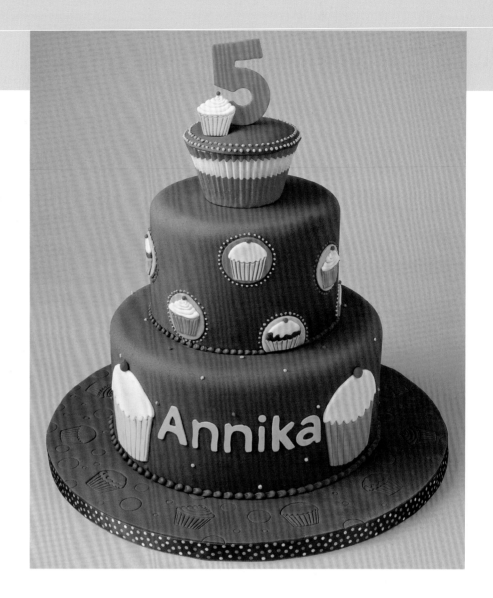

所需材料

- 15厘米×10厘米蛋糕烘焙好，晾凉
- 23厘米×10厘米蛋糕烘焙好，晾凉
- 巨型纸杯蛋糕烘焙好，晾凉
- 裱花袋
- 1A#和6#裱花袋
- 翻糖：褐色
- 胶糖：粉色、绿松石色、石灰绿、红色和橘色
- 皇家糖衣：粉色、绿松石色、石灰绿、橘色和褐色
- 拼花刀具，纸杯蛋糕
- 剪切画刀具：4厘米圆形，数字5
- 蛋糕切割机
- 蛋糕切割机生日蛋糕模板
- 裱花胶

1 至少提前一天，用数字刀具切出橘色胶糖的数字5。用小纸杯蛋糕刀具做一个放在顶部的纸杯蛋糕。

2 用褐色翻糖包覆蛋糕，巨型纸杯蛋糕也包上褐色翻糖。

3 底座用褐色翻糖包上，趁翻糖还软时用拼花刀具刻出纸杯蛋糕来，用1A#裱花嘴和6#裱花嘴的两头雕出圆形。

4 各层蛋糕摆好。

5 切粉色、绿松石色、橘色和石灰绿4厘米胶糖圆形，将圆形贴在15厘米层上。

6 用拼花刀具切褐色、粉色、绿松石色、橘色、石灰绿胶糖的小纸杯蛋糕，制作纸杯蛋糕，切出蛋糕的每个部分并一起粘到圆形上。

7 用绿松石色胶糖切出名字，粘到23厘米层上。

8 用拼花刀具切大纸杯蛋糕，用

粉色、绿色和白色胶糖，制作时，切出蛋糕的每个部分并一起粘到蛋糕上。

9 红色胶糖揉成球，用裱花胶粘到蛋糕上。

10 围绕15厘米层、巨型纸杯蛋糕及23厘米层的蛋糕上裱粉色、绿松石色、橘色和石灰绿皇家糖衣点点，形成圆圈。

11 用6#裱花嘴裱出一圈褐色皇家糖衣花边装饰。

所需材料

- 23厘米×10厘米烘焙并晾凉的蛋糕

- 翻糖：浅蓝和白色

- 直褶刀具

- 镂空刀具

- 皇家糖衣：白色

- 裱花袋

- 0#裱花嘴

- 裱花胶

精致的镂空蛋糕

1　六角形蛋糕用浅蓝色翻糖包覆好。

2　白色翻糖擀薄，切一个稍小于蛋糕的六边形。用直褶边刀具切翻糖带（P214），在其背面抹薄薄一层裱花胶，粘到蛋糕侧面，用镂空技术修饰顶层和周边的翻糖（P224）。

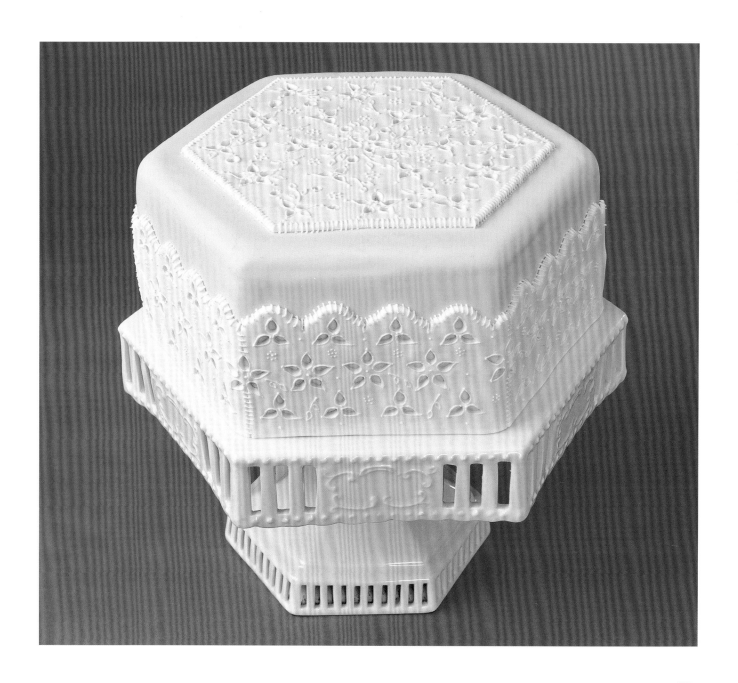

缎带玫瑰和下垂褶皱蛋糕的制作

所需材料

- 15厘米×10厘米烘焙并晾凉的蛋糕
- 23厘米×10厘米烘焙并晾凉的蛋糕
- 翻糖：白色
- 50∶50面糊：淡粉色、中粉色和深粉色
- 小木棍
- 珍珠粉、珍珠
- 裱花胶

1 用白色翻糖包覆蛋糕。

2 各层蛋糕摆放好。

3 用浅粉色50∶50面糊制作下垂褶皱，用裱花胶粘到蛋糕上。

4 用3种渐变色的50∶50面糊制作仿布玫瑰花，用裱花胶粘到蛋糕上。

5 用珍珠粉刷在下垂褶皱和仿布玫瑰上（P268）。

美好祝福蛋糕

所需材料

- 20厘米×10厘米烘焙并晾凉的蛋糕
- 翻糖：白色和黄色
- 胶糖：鳄梨色、白色和黄色
- 马蹄莲刀具套装
- 规格号18丝
- 花瓣粉：苹果绿和酒绿色
- 细砂糖
- 拼花刀具：大字母刀具
- 黏土挤压器
- 珍珠粉
- 谷物酒

1　至少提前两天（一天晾干花穗，一天晾干花瓣），
　　制作6支马蹄莲（P194）。

2　用白色翻糖包覆蛋糕。

3　制作黄色波浪状翻糖长条，粘到蛋糕上。

4　用黏土挤压器制作绿色卷曲的鳄梨色胶糖条
　　（P157）。

5　摆放好3支马蹄莲，茎用铁丝固定在一起。白色胶
　　糖擀成带状，包在茎外，将铁丝包起来。在带子
　　上加3个等大的小珠作珍珠。用谷物酒调合珍珠
　　粉作涂料（P268），涂在珍珠和饰带上。

6　蛋糕上部放步骤5做好的1束马蹄莲，再围绕蛋糕
　　摆3支。

7　如果需要传情达意，用拼花刀具切象牙色胶糖字
　　母（P171），粘到蛋糕上。

- 烘焙并晾凉的纸杯蛋糕
- 一个烘焙并晾凉的巨型纸杯蛋糕
- 一套运动球类刀具，纹理垫
- 奶油糖衣
- 翻糖：白色、石灰绿、红色和赤褐色
- 数字刀具：1和3
- 皇家糖衣：白色
- 裱花袋
- 3#裱花嘴

第13个运动生日蛋糕

1 纸杯蛋糕包覆奶油糖衣。

2 纸杯蛋糕顶部用运动球类纹理垫压出纹理（P65），用赤褐色翻糖做篮球，石灰绿翻糖做网球，白色翻糖做高尔夫球、足球、排球和棒球，用刀具套装内的刀具切出纸杯蛋糕的顶。

3 白色翻糖用足球纹理垫印好纹理，切数字3。赤褐色翻糖用篮球纹理印好纹理，切数字1。在数字上加插针。

4 纸杯蛋糕顶部和数字放置一天使其变硬。

5 用黑色马克笔给篮球纸杯蛋糕、足球纸杯蛋糕和数字加细节。

6 用红色马克笔给棒球纸杯蛋糕加细节。

7 用3#裱花嘴在网球纸杯蛋糕上面的凹槽内裱稀释的白色皇家糖衣。

8 巨型纸杯蛋糕用红色翻糖包覆（P64）。

9 在巨型纸杯蛋糕上插入数字的插针。

两个小公主蛋糕

1 用粉色翻糖包覆蛋糕（P48）。

2 底盘用粉色翻糖包覆（P69）。

3 均匀地在底盘和蛋糕顶涂抹裱花胶，在裱花胶上面撒砂糖（P267）。

4 用剪切画刀具切粉色翻糖的数字3，用裱花胶粘到蛋糕上（P170）。

5 用1#裱花嘴在数字3周围裱出黄粉色皇家糖衣的名字和小点点（P106）。

6 制作小女孩的身体（P240）和头部（P243），用黑色马克笔画出嘴。

7 待头变硬后加上头发（P250）。

8 用拼花刀具（P172）制作皇冠，粘到头上。

9 加一点糖衣来固定小女孩。

10 用18#裱花嘴裱一圈粉色奶油花边。

所需材料

- 20厘米×10厘米烘焙并晾凉的蛋糕

- 翻糖：粉色

- 奶油糖衣：粉色

- 皇家糖衣：黄粉色

- 裱花袋

- 裱花嘴：1#和18#

- 砂糖：浅粉

- 刀具：数字3

- 胶糖：蓝色、白色、黄色、浅绿、肉色、浅褐色和粉色

- 马克笔：黑色

- 拼花刀具：皇冠

所 需 材 料

· 烘焙并晾凉的纸杯蛋糕

· 奶油糖衣

· 可食用闪光物：白色

· 胶糖：白色、天蓝、橘色、黑色、绿色、红色和黄色

· 黑色马克笔

下雪的纸杯蛋糕

1　至少提前一天，手工制作各种小角色（P228）。

2　用1A#裱花笔在纸杯蛋糕顶裱白色奶油糖衣（P61），裱后立即撒上可食用的闪光物（P266）。

3　将各种角色放到纸杯蛋糕上。

紫衣美女蛋糕

所需材料

- 15厘米×10厘米烘焙并晾凉的蛋糕
- 23厘米×10厘米烘焙并晾凉的蛋糕
- 用迷你玩具平底锅制作玩具娃娃
- 翻糖：橙绿色
- 花朵刀具：1厘米
- 五瓣简易玫瑰刀具：3厘米
- 小蝴蝶结刀具
- 珠子0.8厘米
- 50：50面糊：浅紫色
- 胶糖：粉色、蓝色、黄色、象牙色和肉色
- 奶油糖衣：浅紫色
- 皇家糖衣：粉色和橙绿色
- 裱花袋
- 0#裱花嘴

1 至少提前一天用粉色胶糖和蓝色胶糖制作各种花（P178），用黄色胶糖揉一个小球，用一点裱花胶粘到花的中心。用小蝴蝶结刀具制作浅紫色胶糖蝴蝶结。

2 用橙绿色翻糖包覆蛋糕（P48）。

3 均匀地给蛋糕加上下垂褶皱（P212）。在蛋糕标记上裱花胶。

4 将各层蛋糕摆放好（P70）。

5 切0.6厘米×15厘米的饰带，一端用裱花胶固定，拧带子后另一端也固定，两层蛋糕都绕好饰带。

6 饰带接头处加裱花胶，粘上一个蝴蝶结。

7 加一串0.8厘米的珠子花边（P160），用裱花胶将各种花粘到珠串上。

8 为玩具娃娃造型包覆糖衣，用浅紫色50：50面糊制作褶皱（P212），用裱花胶粘到裙子上，从底部开始，一直到腰部，裙子里插进一个牙签来托住蛋糕。

9 制作女孩腰身上部部分，制作胳膊和手（P248）。

10 制作一个圆柱体作为蛋糕，用0#裱花嘴裱粉色和橙绿色皇家糖衣裱出细节。切一个圆形作为底盘，将蛋糕插进牙签。

11 制作女孩头部（P243），画出眼睛（P245），头晾干几个小时，加头发（P250）。

蛋糕装饰的其他技术

这部分讲述的是用其他方法来提高蛋糕装饰效果。学习怎样给蛋糕加闪光装饰物，如何轻易就会使蛋糕产生诱人效果，如介绍了功能强大的基础应用工具喷枪和蛋糕切割机。另外，还讲述了如何用巧克力包装蛋糕和制作可食用珠宝。

闪光装饰物

　　给蛋糕上撒少许闪光装饰物或粉末，不同形式的产品会产生不同的效果。可食用的闪光剂、砂糖、粗糖和Disco粉应撒到蛋糕上，而扑粉则刷到蛋糕上。在使用前，检查每种产品以确定可用于食用，有一些不允许食用而无害的产品可放在蛋糕或纸杯蛋糕上做装饰，正式食用前要把这些装饰品拿开。

可食用的闪光剂

　　可食用闪光剂是发微光的小薄片，将这些薄片撒到湿润的糖衣上会增加一些闪亮效果。一点点闪光剂就会用很长时间。有几种颜色可选，白色可食用闪光剂，无味，是最流行的，撒到白色糖衣上制作雪花效果看起来很棒，最好是撒满整个蛋糕，因为只覆盖一小块面积很难做到。给奶油糖衣蛋糕加闪光剂时，要在奶油还未冷凝时就撒上。给翻糖蛋糕或奶油蛋糕加闪光剂时，在要撒闪光剂的地方用刷子刷薄薄一层裱花胶，再将闪光剂撒到裱花胶上。

砂糖和粗糖

　　砂糖比颗粒糖更粗糙些，粗糖比砂糖还要粗糙，糖越粗糙闪光效果越好。为奶油糖衣蛋糕加砂糖或粗糖，要在奶油冷凝前撒糖；为翻糖或已冷凝的奶油蛋糕加糖时，在要撒糖的地方用刷子刷薄薄一层裱花胶，再将糖撒在裱花胶上。

扑粉

　　扑粉的形式多样。彩色粉末颜色有很多种，包括金属色如金色、银色和铜色。珍珠粉有珍珠的白色，顶级珍珠粉是最流行的粉末之一。这种颜色具最基本的白色光泽，能给任何色加上光泽，将顶级珍珠粉与各种颜色（花瓣粉）混合，会使其颜色闪闪发光。但将顶级珍珠粉加到颜色中后，会使颜色减弱。闪光剂比彩色粉末粗糙，因为颗粒越大，闪光也越明显。超白的闪光剂撒在花上更漂亮，会有闪亮的带露水的效果。扑粉可用于干刷或跟谷物酒混合后再刷。

刷干粉沫

在糖衣上刷干粉沫产生似金属的光泽。在刷到蛋糕表面时，粉末有可能会散开。用羊皮纸将不想刷粉沫的地方覆盖好。粉沫最好待糖衣硬一些再刷。粉沫刷到奶油糖衣上时会留下条纹痕迹且变得凌乱。金属色的闪光剂（见下页）最适合整个奶油蛋糕的金属抛光效果。

图示：黄色翻糖纸杯蛋糕刷金黄色粉沫。

在粉沫上作画

粉沫与谷物酒混合产生画料，粉沫中加几滴酒，粉沫就溶解了。用此颜料画在坚硬些的媒介上，如胶糖、翻糖或干了的皇家糖衣上。

图示：银色粉沫刷在白色裱花皇家糖衣上。

撒在奶油上

因为比较难在奶油糖衣上刷粉沫，所以若想要在奶油糖衣蛋糕上有金属色抛光效果，则在其上撒可食用闪光剂，而不是刷粉沫，粉沫可刷在奶油裱的花和其他装饰品上。将装饰品放冰箱里冷冻使其变硬。一次拿出来一个，尽快在其上刷粉沫。

图示：金黄色奶油玫瑰刷上金黄色粉沫。

金属色可食用闪光剂

　　金属色可食用闪光剂也可用喷雾器喷撒，对于给整个奶油糖衣蛋糕做金属色效果来说是最好的方法，对翻糖蛋糕也很方便。

　　在加金属色前，基底色选择跟金属色一致的，例如，若最后想要银色效果，蛋糕就包覆银色翻糖或奶油。若花朵最后想要金色效果，则制作花朵就用金黄色奶油或翻糖。

1　工作台上铺张纸，免得被喷上，蛋糕放旋转台上。

2　喷雾罐离蛋糕约30.5厘米，一边转蛋糕一边喷粉沫。

1

2

DISCO粉

　　这些金属色的小亮片比前面讲述的更闪亮。有各种颜色。Disco粉虽然无毒，但只建议做展示之用，经常撒到花上或手工制作的小装饰件上，在食用前要去掉。

模板制作花纹

用模板是快速加细节最好的途径。在用模板前，蛋糕表面光滑平整是很重要的。翻糖效果最好，其他糖衣也可用。翻糖糖衣冷凝几小时形成硬壳再加模板，否则会在糖衣上留下凹痕。奶油也可用，需要放几小时冷凝。

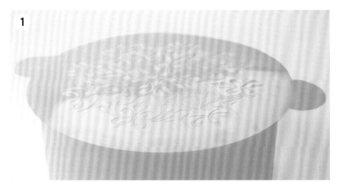

用糖衣加图案

1 模板放蛋糕上，根据需要混合皇家糖衣，用水稀释至形成软峰。

2 舀一小勺皇家糖衣放到模板一端。

3 用小刮板沿模板抹平皇家糖衣。

4 将模板揭开。

用食物颜色加图案

　　用模板和食物颜色会很容易地给翻糖蛋糕加上图案。由于食物颜色直接从罐子里取，颜色浓度较高，有可能会将牙齿染上色。用模板刷来刷颜色。注意翻糖要变硬后再刷，这点很重要，否则刷子会在蛋糕上留下凹痕。最好的效果是在蛋糕包覆翻糖一天后再绘制图案。

1　食物颜色倒在小容器中，模板刷蘸上颜色，用纸巾擦掉多余色，这样会呈现出所要加的颜色，若颜色太浓，加白色食用色素淡化。

2　模板放在蛋糕上，用一只手保持模板稳定，用另一只手拿着刷子轻涂颜色至模板上。注意：加其他色时刷子要清洗完全。

3　模板向上拿开。

模板移动

　　为防止模板移动，在模板背面擦薄薄一层固体植物起酥油。用起酥油要少，否则会使翻糖出现斑点。

可食用的糖霜装饰薄片

可食用的糖霜装饰薄片是用食物颜色印在食用纸上的图片。这些薄片很容易应用，也是快速装饰蛋糕最简单的技术之一。有很多主题和风格可供选择，这些食用薄片可放在蛋糕顶部、周边、满图和缎带上。毕业和生日蛋糕加上庆祝图片看起来不错。用带食物颜色墨盒的打印机就可在家里打印可食用图片了。这些打印机可能是最有价值的投资，有时蛋糕店为顾客提供打印图片服务。若图片是由专业摄影师所摄或图片背面有版权信息，则在制作前要得到原作者的许可。

打印前的图案

这些可食用薄片用在快速装饰蛋糕顶面的制作。这些图案主题和节日繁多，还有现今很流行的得到许可的角色。

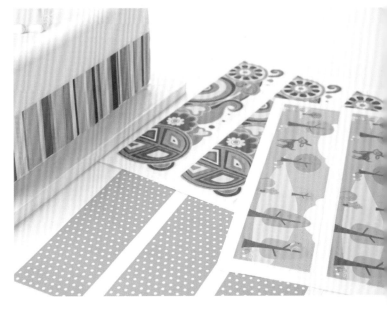

可食用的糖霜条

可食用糖霜条可加在蛋糕周边，以增加活力，也可用在饼干和纸杯蛋糕上。

可食用糖霜缎带薄片

用布质缎带围绕着蛋糕看起来很可爱，但可能会浸湿油渍并留下不美观的油点。这些可食用的闪光缎带使蛋糕有真实缎带感却没有油渍。

印好的薄片

用这些活力四射的可食用薄片把整个蛋糕包上，或装饰饼干和纸杯蛋糕。剪下关键部位作装饰图案，也可用蛋糕切割机切割来迅速做出装饰。

糖霜图片装饰奶油蛋糕的基本介绍

1　蛋糕烘焙并包覆糖衣。将可食用糖霜图片朝上，放在工作台的边缘，将背胶从一边开始撕下。

2　图片撕下后将可食用糖霜片放到蛋糕顶面上。

糖霜图片装饰翻糖蛋糕的基本介绍

1 蛋糕烘焙并包覆翻糖。将可食用糖霜图片朝上，放在工作台的边缘，将背胶从一边开始撕下。

2 在可食用糖霜图片背面刷薄薄一层裱花胶，不要把胶刷到边缘上，否则会粘到蛋糕，就会被看见。

3 轻轻将糖霜片粘到蛋糕上。

翻糖装饰件

1 翻糖或胶糖擀至所需要的厚度，切下与糖霜适合的大小，将糖霜从背胶上撕下。

2 糖霜薄片翻面，背面刷薄薄一层裱花胶。

3 将糖霜放到翻糖或胶糖上，轻轻按压使二者服帖。

4 用刀具切各种形状，迷你比萨刀切缎带或直线很好用。

5 去掉不要的部分。

6 移动切片前要让翻糖或胶糖变硬。

2

3

4

5

6

1

切片可放在花朵成形器里，轻轻按压使其成形，需要注意的是在成形过程中糖霜薄片易碎。

纸杯蛋糕

1 纸杯蛋糕包覆奶油糖衣，在可食用糖霜片上放一个圆形刀具，用剪刀或刀片沿刀具边缘剪下一个7.5厘米的圆形，正好适合带圆顶的标准蛋糕。蛋糕大一点或小一点则所需要的薄片也相应增减。一套包含各种尺寸的圆形刀具会很有用。

2 切下的薄片背面刷薄薄一层裱花胶。

3 糖霜薄片对准蛋糕中心，轻按，使其与蛋糕光滑贴合。

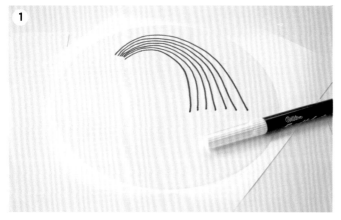

空白薄片

　　手工制作圆形空白的可食用薄片。将活页画或彩书上图片的轮廓画出，这些空白薄片可作空白画布给孩子们画自己想画的，作为自己的生日蛋糕用。

1 将从活页画册或彩色书上选出的图片放在可食用糖霜片下，透光盒会使图片透过薄片，使图案更清晰，或者将图片和可食用片放在窗户上，让光线穿过。用可食用黑色马克笔画出图的轮廓。

2 用可食用马克笔添加细节。

3 将糖霜薄片从背胶上撕下来，将其放到刚刚包覆奶油糖衣的蛋糕上。如果奶油冷凝或是翻糖蛋糕，则将糖霜薄片翻过来刷裱花胶。

4 将糖霜片安放到蛋糕上。

使用可食用糖霜薄片

· 正确存储可食用糖霜片很重要。室温下要将其密封在塑料袋内。若糖霜片从背胶撕下有困难，可将其放冰箱2分钟。

· 由于湿度关系糖霜片会沉进糖衣，彩色糖衣会将糖霜片染上色，例如，若蛋糕用粉色糖衣，那糖霜片的所有白色区域会看起来发粉，所有黄色部分看起来呈橘色。而白色糖衣不会影响糖霜颜色。

· 若奶油糖衣已冷凝，那么糖霜不会沉入蛋糕。一些水雾会喷到糖霜片上以保持蛋糕湿度。注意别让糖霜浸透，否则糖霜上的颜色会渗出。

在翻糖上绘制与着色

用白色翻糖包覆的蛋糕可作空白画布来画细节，可以用食物颜色或用彩色马克笔画插图、印刷活页或彩页。若想画的图有版权保护，需提前取得许可。作画之前翻糖要放几小时或过一夜，使其冷凝。如果没形成硬皮就画，刷子和马克笔有可能会在翻糖上留下凹痕。

用食物颜色画

1 用无毒铅笔在图片背面勾勒轮廓，透光盒是看清轮廓最好的工具。

2 待翻糖冷凝，持无毒铅笔几乎与蛋糕上表面平行，在图片前面摩擦将轮廓拓至翻糖。

3 将纸拿开。翻糖上的图案虽很淡，但足以作为上色的模板。

4 用水稀释食物颜色，用稀释的食物颜色在翻糖上作画，在各色间留少许空隙，防止渗色。

5 用黑色可食用马克笔画图案轮廓。

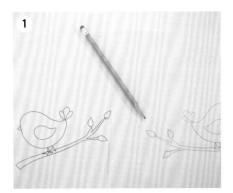

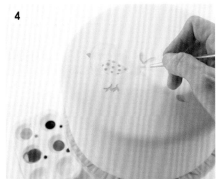

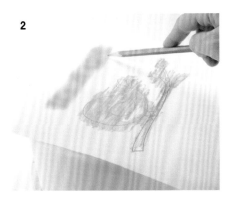

绘画小提示

· 在画到翻糖上之前，可以先画纸上来检查下颜色是否是所需要的。

· 注意画时不要让手腕和手靠在蛋糕上，否则会留下凹痕。

· 刷子蘸足够颜色，这样刷毛是湿的，但水太多会使翻糖中的糖溶解。

用马克笔上色

1　翻糖冷凝（通常24小时足够），
　　用马克笔上色，细笔尖的马克
　　笔用于勾轮廓，粗头马克笔用
　　于大面积涂色。

2　若需要，可以用黑色马克笔勾
　　轮廓。

翻糖上的做旧效果

1　翻糖包覆好蛋糕后，用牙签雕刻出轮廓和细节，这
　　要在翻糖仍软时就做好。

2　在轮廓线里刷上粉沫。

3　刷水至蛋糕上，使干粉沫与水混合。

4　用湿毛巾擦去多余的水和粉沫。

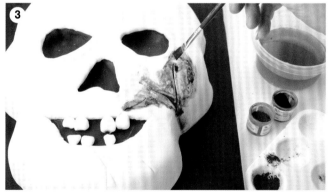

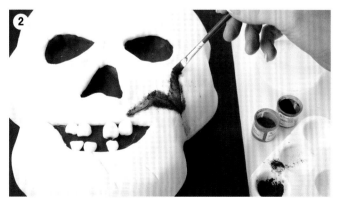

喷枪（气笔）装饰

目前喷枪变得越来越流行，其可用来色彩渐变、细节修饰、模板镂空、快速给整个蛋糕加颜色。喷枪能用在多种类型的糖衣上，奶油和翻糖两种糖衣最常用作背景当"画布"喷色。糖霜糖衣中的油可能会引起水基的喷枪色出现小水坑，所以这种类型的糖衣不太适用于喷枪装饰。

典型的蛋糕装饰用喷枪有单体式或混合式两种。单体式的喷枪在打开开关时，空气和食物颜色同时喷射；而混合式的喷枪，空气由压缩机控制，喷射的颜色总量由开关控制。混合式的喷枪要另外练习才能掌握。本章介绍的喷枪是单体式喷枪。所有喷枪的针头都很脆弱，这些针可能弯曲或损坏，这时喷枪就不能恰当地工作了。喷枪中只能使用喷枪专用食物颜色，其他色有可能阻塞或腐蚀枪体。不要用水稀释裱花胶或颜色，不要往粉沫色中加水制作液态颜色。

喷枪需要气源，在装饰时，压缩机是最常用的气源。买一个跟喷枪匹配的压缩机，可以确保空气压缩机有足够的压力使喷出的颜色均衡。

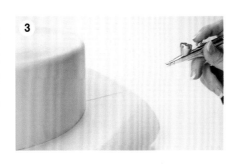

概括介绍

1 喷枪的色杯装大约一半的颜色。

2 用纸巾遮挡住不要喷色的区域，手持喷枪呈45°角，打开开关控制气流。喷枪离蛋糕15～20厘米，覆盖面要宽些。手不要快速地前后移动，否则容易产生色斑。打开开关开始喷射颜色，不要固定不动，否则易形成颜色小坑。喷射出又长、又慢、又稳定的条带状。

3 若需要第二种颜色，在加色前冲洗喷枪，根据用户手册操作冲洗步骤。

手持喷枪近距离地加细节和渐变色，开关要稍稍向后打开，使喷射出来的颜色较少。

食用色喷洒产生整体喷射效果而无另外花费，但细节表现不出。

用喷枪能高效完成上色。奶油、皇家糖衣、翻糖或胶糖花都可以。

这些花是先喷蓝色，再加一点粉色后形成的效果。

模板

　　模板只应用在翻糖蛋糕上，或者冷凝了的奶油蛋糕（P28）。

1　模板放在翻糖或已冷凝的奶油蛋糕上面，若蛋糕糖衣是奶油，一定要让奶油冷凝形成硬皮。蛋糕其他部分盖好纸巾，只让模板显露。在模板上压上一些东西如颜色罐，使模板固定。注意别太重，免得产生压痕。

2　持喷枪呈80°角，离蛋糕约15厘米远，观察颜色杯确保喷枪内色素不会溢出。喷射颜色到模板上，喷好后，拿走压的重物和纸巾。

3　拿开模板。

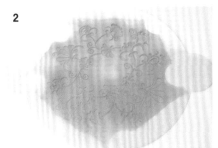

喷枪小提示

· 在上色时喷枪呈45°角，手不要倾斜，否则色素会洒到蛋糕表面。
· 工作台和蛋糕周围可能也会被色素喷到，之前要确保移走所有不想被染上色的东西。
· 喷枪离蛋糕太近会引起色素喷溅。
· 若喷枪内色素爆出，那么喷枪和针头都需要彻底清洗。若是针弯了，就需要换针头。

蛋糕切割机

蛋糕切割机是一种电器，用来切割可食用图纸或胶糖，装饰蛋糕和纸杯蛋糕。胶糖用此机器切割效果最好，不过翻糖也可用。加1大餐匙泰勒粉到450克的翻糖中会使翻糖变硬。蛋糕切割机适用于普通的蛋糕模板，其他模板有多种主题和风格，厂家的切纸机可替代蛋糕切割机。

蛋糕切割机最实用的是切割字母来装饰蛋糕，字母尺寸可大可小，有很多种字母模板，要掌握切割机的使用需要耐心和练习。有很多设置可得到切割结果，一旦掌握，就会大大节省时间。下面就是指导和介绍。

切割胶糖

1 用固体植物起酥油稍稍润滑下蛋糕切割机的切割垫，放在一边备用。

2 胶糖揉至软，玉米粉撒工作台面上，胶糖擀至0.1厘米薄或用压面机的4#挡（0.6毫米）压薄，将擀薄的胶糖放在切割垫上，再擀薄些，使垫上的线几乎可见。

3 将垫子边缘多余的胶糖切除。

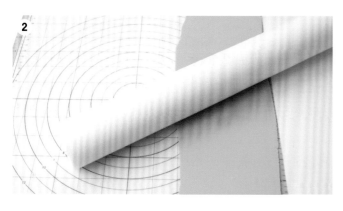

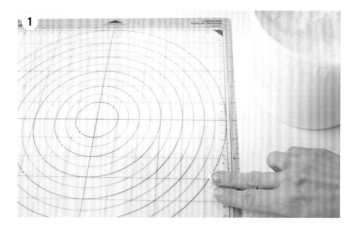

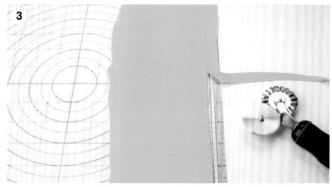

4 调控装置在中等压力和中等速度，根据机器介绍将其设置至想要的图案，开始切割胶糖。

5 卸下垫子，去除多余胶糖，只剩下切好的装饰图案。用针移动小装饰件，如青蛙的嘴。

6 切下的装饰图放置几分钟，用抹刀的薄刃移动装饰图案，若装饰图快要撕裂，就再放几分钟。

7 装饰图背面刷裱花胶，安放到蛋糕上。

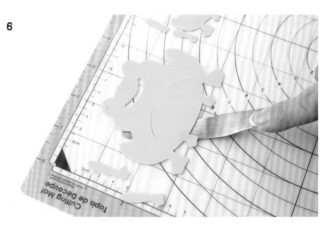

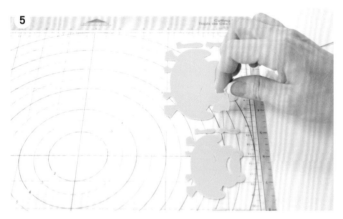

调停、检修

· 如果图案被拉远或歪了，垫上的润滑油可能太多了，少一些、薄一些润滑油即可；也有可能胶糖太厚了，不应超过0.3厘米，0.1厘米最好。若总是歪，则将垫子和胶糖一起放进冰箱冷藏30分钟后再切。

· 如果有几个图案都需要切割，则擀出一批小块胶糖，同时切几个图案。如果所有的图案同时切，胶糖有可能在切割完成前就变干了。

· 每次使用完要彻底清洗机器，干的胶糖或可食用糖霜片会阻塞机器或腐蚀切割刀刃。

切割可食用糖霜片

切割糖霜片是得到切割图案的快速方法。成功的关键是涂抹在垫上的润滑油量，白色固体植物起酥油是最佳选择。薄薄的一层透明的起酥油要抹到整个垫子上。油太多糖霜片会滑移，油太少又会使其粘连。在开始切割前糖霜片要密封，干了的糖霜片切割时易碎。

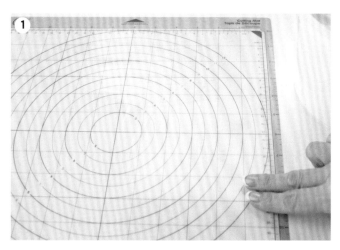

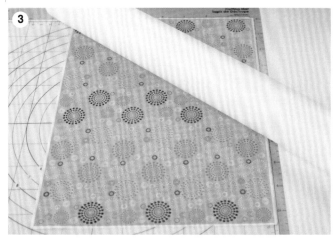

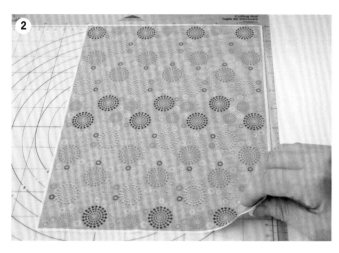

1 用固体植物起酥油轻轻润滑切割垫。

2 糖霜片从背纸上撕下。

3 将糖霜片放在切割垫上，用擀面杖轻轻滚压将气泡抹平。

4 调控装置打开在中等压力和中等速度。根据介绍设置想要的图案，开始切割。

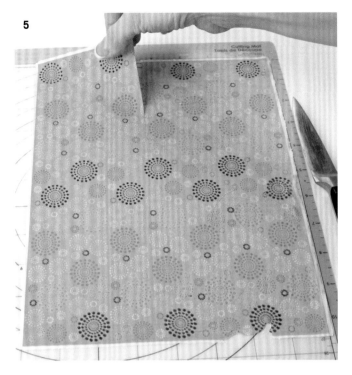

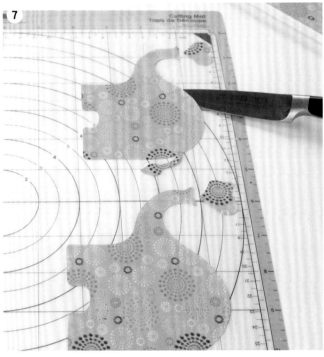

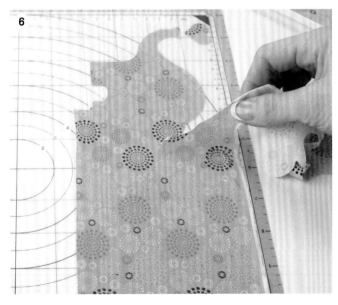

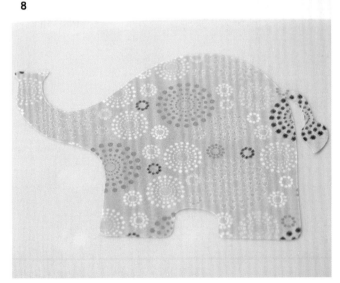

5 卸下切割垫，用削皮刀去除没切的不需要的大块糖霜片，没切的可放回背纸上密封，下次使用。

6 将切下图案周围不需要的部分去除，只留下切割的图案。

7 切割图案周边用削皮刀轻轻滑动，使其与垫分离。

8 图案背面刷裱花胶，并放蛋糕上。

自然景观

用这些技术可给蛋糕和纸杯蛋糕加上真实的可食用纹理。

奶油草

　　用233#裱花嘴和绿色糖衣裱出草，裱出草的更多介绍，参见P91。

翻糖草

　　可为翻糖增加质地来模拟草，翻糖擀好置于蛋糕或纸杯蛋糕上，持星形裱花嘴呈45°角，拖曳裱花嘴加上纹理。

雪

　　将干燥的椰粉撒在奶油糖衣上呈现出真实的雪的效果。趁糖衣还湿润时就将椰粉撒上去，干椰粉是干的小薄椰片，会给纸杯蛋糕带来一种椰粉纹理和味道。用可食用的闪光剂可替代耶粉（P266）。

土和石头

　　捏碎的巧克力三明治饼干呈现出土的效果，可食用石头可在市场上买到，或者用大理石翻糖制作出（P40）。用巧克力糖衣包覆蛋糕或纸杯蛋糕，趁糖衣还湿润时，撒上饼干碎屑，摆放石头。

沙子

　　用等量的红糖和白砂糖制作出可食用的沙滩效果。用象牙色糖衣包覆蛋糕或纸杯蛋糕，趁糖衣还湿润时撒上可食用沙子。

水

　　裱花胶是一种清澈的可食用材料，看起来很像水。裱花胶没有味道，用的太多会感觉黏乎乎的。用天蓝色糖衣包覆蛋糕或纸杯蛋糕，待糖衣冷凝。清澈的裱花胶加一点天蓝色食用色，刷一薄层裱花胶到冷凝的糖衣上。

冰

　　食用冰是由一种叫糖醇的产品制作的。参考P300的配方制作，或者溶化透明的糖醇棍或胶囊。将加热的糖醇加一点天蓝色食用色，倒在纸巾上。先晾几分钟，再将其倒在包覆糖衣的蛋糕或纸杯蛋糕上。

火焰

　　可食用火焰也是用糖醇制作的，参考P300的配方制作，或者溶化黄色和红色的糖醇棍或胶囊。将加热的黄色糖醇倒在纸巾上，立即倒上红色糖醇，并用牙签拉出火焰状。先晾几分钟，待凉后，将其倒在包覆糖衣的蛋糕或纸杯蛋糕上。

巧克力包裹蛋糕

　　用巧克力包裹蛋糕，使其呈现又光滑又闪光的纹理。从巧克力转印纸得到好的设计图案会给蛋糕增色不少。纹理垫使蛋糕外表面看起来有精致的雕花图案。用巧克力包裹蛋糕之前要先用糖衣包覆好。糖衣可用糖霜、奶油或翻糖，因为巧克力只是作为装饰，而不是作为糖衣。在蛋糕上桌食用时，保持巧克力不裂很难，可用很热的刀切割外面的巧克力皮或直接打碎与切开的蛋糕一起食用。

巧克力和糖衣的区别

　　本章介绍的装饰蛋糕用巧克力都由糖衣制成。糖衣用起来比真正的巧克力好用，对于新手来说更容易成功。糖衣有时称杏仁皮、夏衣或糖稀。糖衣一般由可可粉、糖、奶制品和油（白色或有色糖衣不含可可粉）组成。若成分列表中包含巧克力浆或可可脂，则是真正的巧克力并需要加热。加热处理，此处不详讲，是熔化并冷却巧克力的过程。如果处理不当，巧克力是粘的，或者石灰样或有白色条纹。真正的白巧克力不含可可粉而是可可脂。购买巧克力时，检查标签很重要，以判断是否要加热。

熔化巧克力和糖衣

　　巧克力和糖衣的熔点很低，小心看着别烤焦了，让水和气从巧克力和糖衣中蒸发。将糖衣薄片或粗切碎的巧克力放在微波碗中，用微波炉打30秒，搅拌，再在微波炉内打几秒，在每次放微波炉内打之间要搅拌，直到糖衣几乎熔化。从微波炉中取出继续搅至熔化。注意：这些介绍是针对熔化糖衣的。如果用真正的巧克力来制作本章介绍的产品，那巧克力必须要加热。

巧克力转印纸

1　蛋糕烘焙并晾凉，按要求包覆糖衣。在硅胶垫上或纸巾上放一片巧克力转印纸，纹理朝上，将熔化的糖衣均匀地倒在转印纸上，再用抹刀摊平糖衣，不要让抹刀触碰转印纸，否则图案会有污渍，糖衣应抹至约0.1厘米厚。

2 拿开纸巾，轻拍工作台使糖衣光滑，待糖衣完全成形，沿边缘滑动垫片使糖衣裂成几个长条。

3 每个长条都呈一定角度掰成两半。

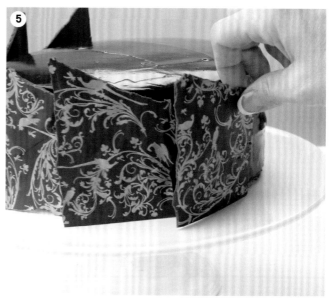

4 在包了糖衣的蛋糕上裱一条奶油。

5 将糖衣片粘到蛋糕上。

转印图案至巧克力外包装上

1 烘焙蛋糕并晾凉，按需要包覆糖衣。切一条同蛋糕等高的巧克力转印纸，大部分巧克力转印纸都不够蛋糕周长，若不够，则再切一条。将平的一边贴起来，使得总长度比蛋糕周长多1.3厘米左右。

2 切下的图案转印纸放到硅胶垫或纸巾上，纹理面朝上，将熔化的糖衣均匀倒在转印纸上。

3 用抹刀薄刃抹平熔化的糖衣，不要让抹刀接触转印纸，否则图案会有污痕，抹至约0.1厘米厚。

4 抬起纸巾，轻轻地在工作台上拍，使糖衣光滑。用薄刃抹刀放在糖衣覆盖的转印纸下滑移，将转印纸移到纸巾干净的地方，得到整齐边缘。

5 当糖衣不再闪光，拿起转印纸绕蛋糕围起来。

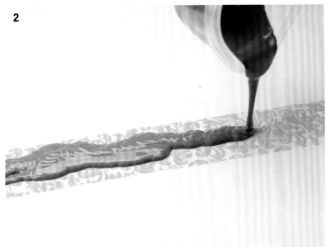

6 蛋糕放冰箱大约10分钟，从冰箱中取出撕去转印纸的背胶。

7 切一块与蛋糕顶部等大的转印纸，烘焙蛋糕的平底锅就是很好的模板，切下的转印纸放硅胶或纸巾上，纹理面朝上。

8 将熔化的糖衣均匀地倒在转印纸上。

9 用抹刀薄刃抹平熔化的糖衣，抹至约0.1厘米厚。

10 抬起纸巾，轻轻地在工作台上拍，使糖衣光滑。用薄刃抹刀放在糖衣覆盖的转印纸下滑移，将转印纸移到纸巾干净的地方，得到整齐的边缘。

11 将纸巾和转印纸移到烤板上，再将烤板放冰箱大约10分钟，从冰箱中取出撕去转印纸的背胶。

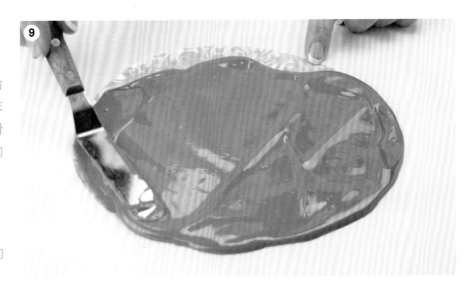

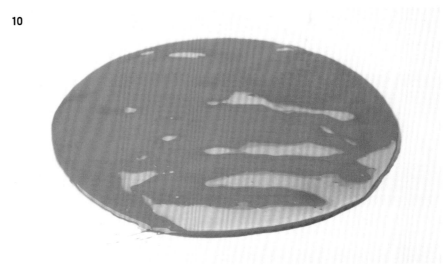

12 蛋糕顶部裱糖衣。

13 巧克力片放蛋糕顶上。

14 绕蛋糕边缘裱花边，把缝隙糊上。若需要可在蛋糕背面裱一条竖直线把缝藏起来。

什么地方错了？

若巧克力不再闪光，是蛋糕放冰箱的时间不够长。若巧克力碎了，说明在包蛋糕前，蛋糕放冰箱时间太长或巧克力抹的太薄。

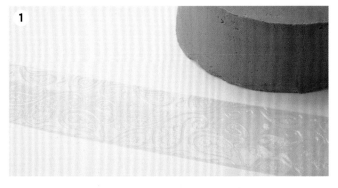

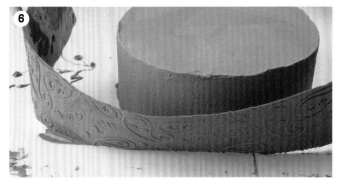

纹理化巧克力外包装

1 烘焙蛋糕并晾凉，按需要包覆糖衣。切柔韧的纹理垫足够长，比蛋糕周长多纹理垫1.3厘米左右。若纹理垫不够长，则再切一条，将印花纹的一边贴起来。剪切纹理垫与蛋糕同高，将纹理垫放硅胶垫或纸巾上，纹理面朝上。

2 用软毛刷在纹理上抹一薄层熔化的糖衣，这将减少气泡的产生。

3 熔化的糖衣均匀倒在纹理垫上。

4 用抹刀薄刃抹平熔化的糖衣，抹至约0.1厘米厚。

5 抬起纸巾，轻轻地在工作台上拍，使糖衣光滑。小心地将纹理垫移到纸巾干净的地方，得到整齐边缘。

6 当糖衣不再闪光，拿起纹理垫绕蛋糕围起来。

7 蛋糕放冰箱大约10分钟，从冰箱中取出，撕去纹理垫的背胶。

8 切一块与蛋糕顶部等大的纹理垫，烘焙蛋糕的平底锅就是很好的模板，切下的纹理垫放硅胶或纸巾上，纹理面朝上。重复步骤2~5。

9 将纸巾和覆盖糖衣的纹理垫移到烤板上，再将烤板放冰箱大约10分钟，从冰箱中取出撕去纹理垫的背胶。

10 蛋糕上表面裱糖衣，将巧克力纹理片放上。

11 沿着边缘裱一圈花边，将缝隙遮挡。

时间

　　搁置巧克力转换带和纹理垫的时间很重要。巧克力必须几乎冷凝，颜色变暗。若巧克力冷凝不够，底部会有气泡，在蛋糕顶部会产生小裂纹。而巧克力放时间太长，在围绕蛋糕周围时易碎。

巧克力装饰塑形

塑好形的巧克力对于蛋糕来说是最完美的收官之作，其可与蛋糕一起上桌，或只是塑出形来装饰蛋糕或纸杯蛋糕，主题和图案的模具达上千种。糖衣可加浓缩的或调味油来调味，以避免水基的巧克力蒸发太过，否则巧克力会变得太浓稠。

纯色巧克力

1 熔化糖衣（见P288关于熔化的介绍），熔化了的糖衣倒进能挤压的瓶子，顶部切掉少许，使液体易于流出填充模具。挤压巧克力糖衣到模具中，几乎添满，模具在工作台上轻拍，使气泡放出。

2 将模具放进冰箱直至糖变冷，模具变不透明。从冰箱中取出模具，翻转放至毛巾上，轻轻拉伸模具，制作好的巧克力就会掉落。若有没掉下来的，则将模具放冰箱中再冷冻一会，若巧克力的细节粘到模具上，则说明冰冻时间不够长。

巧克力画上细节

1 用充满熔化的巧克力笔，直接挤进带细节的干净、干燥的模具。在画邻近色前先使巧克力在室温下冷凝，不要用装巧克力的笔填满模具，这只是为了加细节用的。

2 将用作背景的糖衣熔化，倒进挤压瓶，待上一步骤画的细节完全冷凝，用挤压瓶将巧克力挤进模具，模具放进冰箱至巧克力冷冻成形。模具变不透明，从冰箱中取出，翻倒在毛巾上，轻轻弯曲模具，制作好的巧克力会掉落，若没有掉下来，则将模具放冰箱中再冷冻一会，若巧克力的细节粘到模具上，则说明冰冻时间不够长。

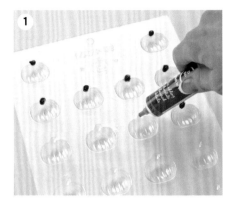

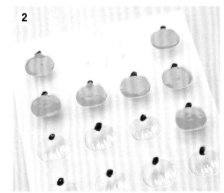

带花纹的巧克力

1 糖衣熔化，模具腔中刷一薄层糖衣，在模具中形成条纹，使条纹在室温下冷凝。

2 挤压瓶中充满与背景色呈对比色的糖衣，将其挤进模具，几乎填满腔体。在工作台面上轻轻振动模具，使气泡冒出来。模具放进冰箱直至糖变冷，模具变不透明。从冰箱中取出模具，翻倒在毛巾上，轻轻拉伸模具，制作好的巧克力就会掉落，若有没掉下来的，则将模具放冰箱中再冷冻一会，若巧克力的细节粘到刀具上，则说明冰冻时间不够长。

用闪光剂或珍珠粉刷在塑形巧克力上产生金属光泽。图示是用的超级珍珠粉，将塑好形的巧克力放在纸巾上，刷干的粉末。在刷色前待巧克力降至室温。

保持温暖

不用时将充满巧克力的挤压瓶和笔放在加热锅中，并盖上毛巾，使熔化的糖衣保持温暖状态。

明胶装饰

　　用无味明胶、水和食用色制成可食用的透明装饰用品，可用于仙女和昆虫的透明翅膀或美丽的玻璃质花朵。塑料纹理垫用于给翅膀加纹理，花瓣或叶子加叶脉。明胶装饰可提前几个月制作好，室温下密封保存。湿度大有可能会使明胶溶解，不得将做好的成品冷藏或冷冻。

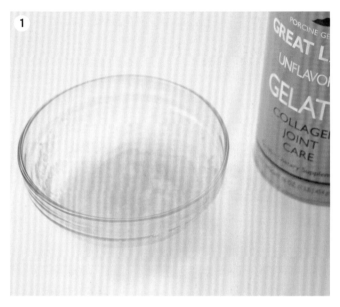

1 取餐匙（约38毫升）水放微波碗中，撒1餐匙（15毫升）无味明胶在水面上，搅拌，混合物搁置几分钟直至变黏稠，颜色变黄。

2 明胶放微波炉打10～15秒，多次重复，每次间隔时取出搅拌，当混合物变稀薄且几乎透明，明胶小碎片已溶解，从微波炉中取出，搁置几分钟。在液体表面会形成一层泡沫，小心将这层泡沫撇掉，再搁置几分钟，再撇掉上面的泡沫，重复几次直至再无泡沫形成。

3 用液态食物颜色给明胶上色。

4 用圆头软刷涂抹一薄层明胶至纹理垫上，在涂抹的时候，明胶应是温的且光滑。若明胶太热，会产生小珠子，若太凉，就太黏稠，若混合物凉了就要重新加热。

5 涂好的纹理放几个小时晾干，用电扇吹可加快晾干速度。干了以后，就会自行掉落，沿周边修剪光滑。

6 可食用马克笔或食用色素加细节，加色时要仔细，液体太多会使明胶溶解。

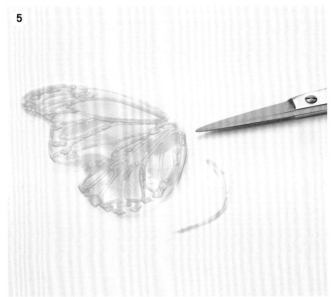

若花要使用金属丝，则将金属丝放在图案中心，持金属丝将明胶刷在上面。

糖醇装饰

　　糖醇是糖的替代品，能承受较高温度而不会变黄。糖醇能被雕刻、塑形很多种图案，本章讲解最基本的糖醇塑模，很可爱也很实用。模具是由特殊塑料制成，可承受高温，其他塑料模会变形，由于糖醇很热，若不正确处理的话，会引起严重烧伤。糖醇可在蛋糕店买糖醇颗粒。糖醇胶囊和糖醇棒呈固体，有多种颜色可选。只简单地将糖醇胶囊或棒放在硅胶杯中熔化即可，量大的糖醇会引起胃部不适。

糖醇配方

· 2杯（400克）糖醇粒
· 0.5杯（120毫升）蒸馏水或自来水，用于刷掉晶体（蒸馏水比自来水更好，因杂质更少）
· 食用色素，可选择

　　最好在湿度较小的凉一些的房间工作。在平底深锅中，将水搅拌进糖醇，中低火加热，停止搅拌，待混合物变清澈，用过滤器撇掉泡沫。干净的刷子浸入水中，在平底锅周边轻刷，距离沸腾的糖稍上部位。继续撇泡沫并用刷子刷掉锅周边的泡沫，直至糖浆完全干净。杂质并无害，只不过去除了泡沫的糖浆更透明，强度更大。当晶体从周边去除，糖浆变得干净，将一个温度计放锅里，冷却至110℃。若有需要则加入食用色素，中火加热至175℃，立即从炉子上取下锅，放至冷水中冷却几秒钟，停止加热。冷却的糖浆可倒进模具，也可倒在羊皮纸袋里或硅胶垫上冷却。袋子装在拉链包里，平展放，各袋子不要接触，用胶密封放在密封箱里保存。

塑形

1 将事先准备好的糖醇片、胶囊或糖醇棒与水一起放进硅胶杯，用微波炉打几秒钟，用木棍搅拌，再用微波炉打，继续加热直至完全熔化。

2 用烹饪油润滑硬糖模。

3 搅拌糖醇，将气泡释放，将热的糖醇倒进润滑过的模具。

4 搁置几分钟，当糖醇凉了，弯曲模具把凝固的糖醇倒出来。

清洁

　　热的糖醇很黏，难以清洁。用一次性长木棍搅拌，用完即扔掉。为易于清洁，使糖醇在硅胶碗或杯中晾凉。硅胶会使糖醇膨起。

1

2

3

4

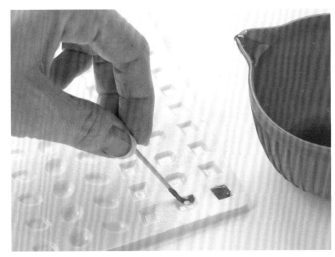

若模具太软，按提示加热糖醇，再用牙签向模具中加糖醇。

保存

糖醇片放几天后易变浑浊和发黏，所以要将做好的糖醇用硅胶袋密封保存，使湿度降到最低水平，从而使糖醇不变浑浊，不发黏。

成品展示

具有乡土风情的植物纸杯蛋糕

1 至少提前一天，准备好用活塞刀具制作的粉色、紫红色、青绿色和鳄梨色花（P176），这些花可由翻糖或胶糖制作。安放到纸杯蛋糕上之前先放置一整夜。

2 将可食用糖霜片撒在包覆了糖衣的蛋糕上（P276）。

3 用4种颜色的翻糖或胶糖揉4个小球做花心，花中心刷裱花胶。Disco粉揉在小球上，压平小球，在鳄梨色球上撒酸苹果粉，紫色球上撒祖母绿粉，浅粉和紫红球上撒婴儿粉色。

4 在变硬的花中心裱一小点，粘上平的闪光球。

5 用裱花胶将花粘到纸杯蛋糕上。

所需材料

- 烘焙并晾凉的纸杯蛋糕

- 奶油糖衣：白色

- 可食用糖霜片

- 7.5厘米圆形刀具

- 雏菊活塞刀具：35毫米和44毫米

- Disco粉：婴儿粉、酸苹果绿和祖母绿

- 胶糖：浅粉、紫红、绿松石色和鳄梨色

- 花朵成形器43-9026#

野性风格的21

1 至少提前一天，底座用白色翻糖和斑马条纹
　片包好，用2.5厘米、5厘米、7.5厘米刀具切好
　花朵（P170）。用白色翻糖切出数字2和1。
　白花和21加斑马条纹风格（P275），用花
　朵成形器将花定形（P183）。

2 用粉色翻糖包覆12厘米和23厘米蛋糕，用
　白色翻糖包覆17厘米蛋糕（P48）。

3 将斑马纹糖霜粘到17厘米蛋糕上
　（P274）。

4 揉黑色小球安放在粉色花心，小球上
　刷裱花胶，将黑色Disco粉揉在小
　球上，压平，并用裱花胶粘到花
　中心。

5 粉色花用粉色小球做花心，
　小球上刷裱花胶。将小
　球揉进粉红色Disco
　粉，压平，并用裱花
　胶粘到花心处。

6 将各色花用裱花胶粘
　到蛋糕上。

所需材料

- 12厘米×10厘米烘焙并晾凉的蛋糕
- 17厘米×7.5厘米烘焙并晾凉的蛋糕
- 23厘米×10厘米烘焙并晾凉的蛋糕
- 翻糖：粉色、白色和黑色

- Disco粉：粉红色和黑色
- 可食用斑马条糖霜：两全张和3小条
- 花刀具：2.5厘米、5厘米和7.5厘米
- 刀具：2#和1#

简单的公主蛋糕

1 提前一天用3#裱花嘴裱粉色心形（用皇家糖衣）
装饰的蛋糕（P126）。

2 用奶油糖衣包覆蛋糕（P42）。

3 将可食用公主图案放在蛋糕顶部和周边（P273）。

4 底座裱一圈贝壳图案（P100），顶边裱一圈C形
花边（P104）。

5 轻轻地在裱好的花边上贴粉色心形皇家糖衣。

所需材料

- 20厘米×7.5厘米烘焙并晾凉的蛋糕
- 可食用糖霜片：小公主
- 可食用糖霜条：各种小公主图案
- 皇家糖衣：粉色
- 裱花袋
- 裱花嘴：3#和16#
- 奶油糖衣

彩虹装饰的蛋糕

1 至少提前一天，裱12～14个小彩虹，用于放在蛋糕周边（P126）。

2 用黑色马克笔在空白糖霜片上勾勒出彩虹的轮廓，为蛋糕顶部画出彩虹。用可食用马克笔画细节（P279），用黑色马克笔写名字。

3 用白色翻糖包覆蛋糕（P48），撕掉图片的背胶，将图片放蛋糕顶部（P275）。

4 蛋糕上用喷枪喷天蓝色或浅蓝色（P280）。

5 在蛋糕顶层用8#裱花嘴裱白色奶油糖衣云朵。

6 用4#裱花嘴裱白色奶油糖衣的小点作云朵花边（P96）。

7 用一点裱花胶将彩虹粘上。

所需材料

- 皇家糖衣：红色、橘色、黄色、绿色、蓝色和白色
- 20厘米×7.5厘米烘焙并晾凉的蛋糕
- 空白的可食用糖霜
- 可食用马克笔
- 翻糖：白色
- 裱花胶
- 奶油糖衣
- 裱花袋
- 裱花嘴：4#和8#
- 喷枪
- 喷色：蓝色

不同凡响的蝴蝶结

1 至少提前一天，用黄色和橙绿色胶糖制作蝴蝶结环（P 204），用橘色和浅蓝色胶糖制作花朵（P170），中心加粉色胶糖小球做花心。

2 用黄色翻糖包覆蛋糕（P 48）。

3 在蛋糕中部加1条闪光带（P273）。

4 将花朵分层，再用裱花胶粘到闪光带上。

5 将蝴蝶结摆放至蛋糕顶面中心（P204）。

6 用4#裱花嘴在底部裱一圈黄色皇家糖衣花边。

所需材料

- 20厘米×10厘米烘焙并晾凉的蛋糕
- 胶糖：黄色、浅蓝、橘色和粉色
- 五瓣花形刀具：5厘米
- 六瓣花形刀具：3.5厘米
- 3条做闪光蝴蝶结的可食用糖霜条：橙绿色
- 翻糖：黄色
- 裱花袋
- 4#裱花嘴
- 皇家糖衣：黄色
- 裱花胶

林中小动物

1 至少提前一天，用翻糖包覆蛋糕（P48）。

2 当蛋糕表层结硬皮，将图案转到蛋糕上并上色。

所需材料

· 20厘米×10厘米烘焙并晾凉的蛋糕

· 翻糖：白色

· 食用色：粉色、橙绿色、天蓝色、褐色和柠檬黄

· 可食用马克笔：黑色

· 手绘或描摹的图片

沙滩纸杯蛋糕

1 用奶油硬糖、奶油巧克力和白糖衣制作大理石花纹的巧克力花纹贝壳（P297）。

2 在贝壳上刷顶级珍珠粉（P297）。

3 1A#裱花嘴在纸杯蛋糕上裱象牙色糖衣（P61）。

4 趁糖衣还湿时撒上可食用沙子（P287）。

5 将贝壳和珍珠安放至纸杯蛋糕上。

6 出售前将纸杯蛋糕放在包装袋里。

所需材料

- 烘焙并晾凉的纸杯蛋糕
- 奶油糖衣：象牙色
- 裱花袋
- 1A#裱花嘴
- 贝壳模具：90#-12817和90#-12816
- 糖衣：白色，奶油硬糖和牛奶巧

克力

- 超级珍珠粉
- 0.8厘米可食用珍珠，每个纸杯蛋糕一个
- 可食用沙子
- 象牙色纸杯蛋糕包装

小瓢虫蛋糕

1 至少提前一天制作叶子（P180）。

2 用橙绿色奶油糖衣包覆蛋糕（P42）。

3 用橙绿色巧克力将瓢虫图案转印至蛋糕上（P290）。

4 用橙绿色糖衣制作一个20厘米巧克力片放顶层
  （P291）。

5 用21#裱花嘴裱一圈橙绿色花边（P100）。

6 为制作瓢虫，将红色翻糖揉一个大点的口香糖大小
  的球，压平，切掉1/3，用黑色翻糖揉小球，口香
  糖大小，压平，切掉1/3，将压平的红色和黑色翻
  糖边缘粘在一起。黑色翻糖擀薄，用4#裱花嘴切
  小黑点，再用食用胶粘到瓢虫身上。白色翻糖揉成
  小球作眼睛。用黑色马克笔在白色眼睛上点一下。

7 用拼花生日蛋糕刀具制作名字。

所需材料

· 20厘米×7.5厘米烘焙并晾凉的蛋糕

· 2个巧克力转印片：瓢虫图案

· 醋酸纤维片

· 糖衣：橙绿色

· 奶油糖衣：橙绿色

· 翻糖：黑色、红色、白色和祖母绿色

· 叶形刀具

· 叶形纹理

· 裱花袋

· 4#和21#裱花嘴

· 拼花刀具

· 拼花生日蛋糕刀具

青蛙蛋糕

1 至少提前一天制作好青蛙和花，为制作青蛙，将胶糖染成叶绿色，用蛋糕切割机切5厘米青蛙（P282）。待青蛙变硬加插针（P174）。

2 白色胶糖切花（P176），切一个19毫米的花，再切一个13毫米的花放其中心，用食用胶粘好，放在花朵成形器中，中心用蛋黄色皇家糖衣、1#裱花嘴裱花蕊。

3 柠檬黄胶糖擀薄，用圆形刀具切5厘米圆形作肚皮，四边和底部修剪以适合青蛙肚皮，用食用胶粘至青蛙上。

4 揉白色胶糖小球做青蛙眼睛，用可食用黑色马克笔点出眼球。

5 用1A#裱花嘴、天蓝色糖衣包覆纸杯蛋糕（P61），待糖衣冷凝。

6 冷凝后，刷天蓝色裱花胶（P287）。

7 将祖母绿胶糖擀薄，用5厘米圆形刀具切一个圆形，在其上切出V形做荷叶，将荷叶放在包覆糖衣和刷过胶的纸杯蛋糕上。

8 将青蛙插针插进纸杯蛋糕，用少量裱花胶将花贴到荷叶上。

所需材料

- 烘焙并晾凉的蛋糕

- 刀具包——同公主刀具

- 蛋糕切割机

- 奶油糖衣：天蓝色

- 裱花胶：天蓝色

- 裱花袋

- 裱花嘴：1#和1A#

- 5厘米圆形刀具

- 13毫米雏菊刀具

- 19毫米雏菊刀具

- 胶糖：叶绿色、祖母绿色、柠檬黄

- 皇家糖衣：蛋黄色

- 食用胶

- 可食用马克笔：黑色

所需材料

- 20厘米×10厘米烘焙并晾凉的蛋糕
- 翻糖：浅蓝色
- 食用糖霜：狂欢装饰图
- 蛋糕切割机
- 生日蛋糕拼花图案

生日狂欢蛋糕

1 用淡蓝色翻糖包覆蛋糕（P48）。

2 用蛋糕切割机和食用糖霜片切出名字和大象，并粘到蛋糕上（P284）。

3 切一条食用糖霜片包在蛋糕底层。

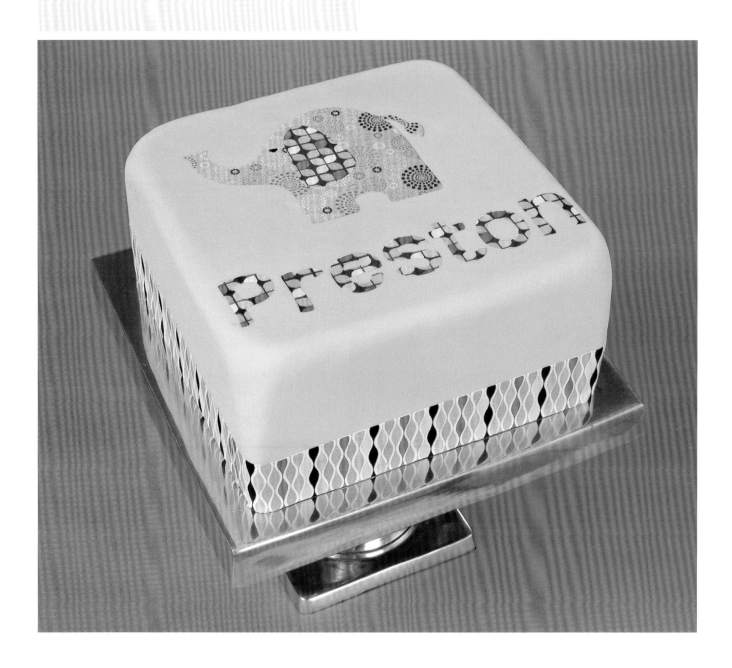

红色浮雕蛋糕

1 白色翻糖包覆蛋糕（P48）。

2 在模板上用红色皇家糖衣雕出图案（P270）。

3 将缎带缠在蛋糕上（P209）。

所 需 材 料

- 23厘米×10厘米烘焙并晾凉的蛋糕

- 翻糖：白色

- 皇家糖衣：红色

- 模板：法式浮雕图案

- 缎带：红色

在墙上写字

所需材料

- 23厘米×33厘米烘焙并晾凉的长方形蛋糕
- 奶油糖衣：灰色
- 翻糖：灰色、白色、绿色、红色、黄色和黑色
- 纹理片：砖图案
- 喷枪
- 喷色：红色、黄色、绿色和黑色
- 喷色罐标签
- 食用糖霜薄片（P272）或可食用马克笔（P278）
- 裱花胶
- 颜色粉：银月色
- 米酒

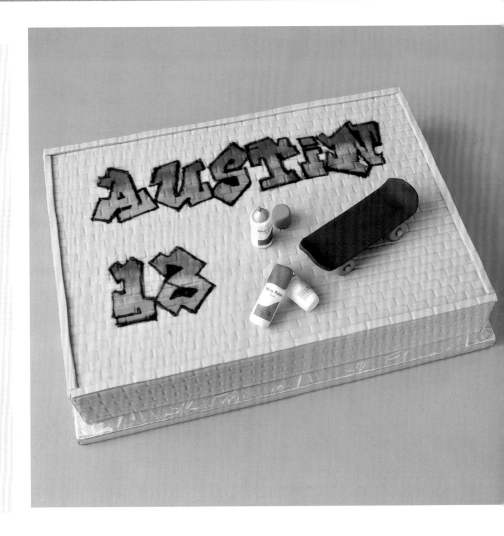

1 至少提前一天制作好滑板，将黑色翻糖擀薄，切出7.5厘米×4厘米条，边缘调整成圆形，道具罐置于滑板底端加弧形。

2 用灰色奶油包覆蛋糕（P42），翻糖做上纹理，并把顶部及四周包好（P48）。

3 白色翻糖揉圆柱形，用食用糖霜薄片印出标签或用可食用马克笔从食用纸拓图案，用裱花胶将标签贴在白色圆柱上。

4 将红色、黄色和绿色翻糖揉成短圆柱形作喷灌盖，为绿色喷罐揉一小块白色圆锥形翻糖，用一点裱花胶粘到一个圆柱形上，再用混合了米酒的银月色粉喷绘此圆锥形（P268）。在这个银月色圆锥体上再加一个小的绿色圆柱体，用裱花胶粘上。

5 揉4个等大的红色翻糖球作车轮，用珠形器在车轮上压出凹形，用白色翻糖揉等大的4个白球放进凹形，再用混合了酒的银月色粉绘白球（P268），车轮粘到已变硬的滑板上。

6 先用喷枪喷出黑色名字，再用红色、黄色和绿色喷枪喷颜色。

7 将喷罐和滑板均摆放在蛋糕上。

蛋糕装饰作品赏析

在练习并掌握了这些蛋糕装饰的技巧后，一定会渴望自己设计出漂亮的蛋糕，为了更进一步鼓舞人心，可根据下面的介绍制作蛋糕和纸杯蛋糕。

农场

一款农场生日蛋糕会让多数孩子满意。用各种形状和纹理装饰农场蛋糕。干草堆用黏土挤压器挤的金色翻糖制作而成，中间一层的木板由木头纹理垫制成。黏土挤压器用于制成白色胶糖条，装饰窗户和谷仓门，底层的纹理是手工制作的纹理，蛋糕底板覆盖了带纹理的绿色翻糖当作草。手工造型制作的小动物点缀其中，更显特别。

圣诞套餐

圣诞主题的蛋糕：制作洗晾的圣诞衣服准备过圣诞用。这些圣诞衣服用红色胶糖经圣诞老人烹饪刀具制成。软毛是用小裱花嘴裱奶油糖衣制成。袜子和手套的细节用红色食用色笔加上的，背景是冬天下雪时，雪花图案由浅蓝色糖衣板（用巧克力转换片印制）和白色可可脂制成。制好的雪花片粘到奶油糖衣蛋糕上，用奶油裱出花边来隐藏缝隙。

收获日

　　庆祝父亲节或任何想要钓鱼的日子——用此款蛋糕，用鱼形蛋糕盘烘焙。上部用白色翻糖在蛋糕盘中成型，然后放在蓝色翻糖包覆的蛋糕上。用不同层次的食用色画到鱼上，颜色干后，将超级珍珠粉刷在鱼身上。鱼饵是手工制作的。

自然界小动物

　　圆形蛋糕上面装饰几个手工造型的小野生动物。蛋糕上的四边形用翻糖切成并连成片，粉色小球是可即用的糖珠，底盘用翻糖包覆，纹理用菱形图案压制而成，字母用蛋糕切割机制成。

购物节

三款简单装饰的蛋糕，以粉色和绿色为主，是母亲节、女生纪念日和婚礼的亮点，蛋糕用带纹理的翻糖并用奶油裱出花边，最少的装饰使三维胶糖包和鞋成为重点。胶糖制作的玫瑰和叶子装饰一只包，用切出的胶糖圆形装饰另一只包，用刀具切花装饰高跟鞋。

建设蛋糕

这个蛋糕可以为小建设者带来乐趣。顶层用黄色翻糖覆盖，切黑色翻糖条加在其上仿造条纹。用木纹垫制作木头样放在底层，还有一些装饰物。装饰物有手工造型的头盔、锤子和橘色锥形筒，停止牌是用六边形刀具切红色胶糖得到，白边和胶糖字母添加其上。花钉用6#修饰裱花嘴裱灰色翻糖获得。为更逼真，用银灰色粉沫加酒刷出金属色。底盘选择红色翻糖用砖纹理垫制作出纹理，字用蛋糕切割机切出。

小猴蛋糕

　　庆贺宝宝第一个生日，用圆点和猴子装饰蛋糕，用橙绿色翻糖包覆蛋糕，蓝色翻糖切圆形作顶盖，中间有一个圆形去除，形成项圈，切小点的圆形做出镶嵌效果。猴子用糖制作。用皇家糖衣做的猴脸放在裱好的底层花边上做装饰。上面扇形边由糖制成，胶糖字母用刀具切出，胶糖蝴蝶结作最后装饰。

甜蜜的情人节纸杯蛋糕

　　有时简单的技术也能产生震撼的效果，如用在情人节纸杯蛋糕上，纸杯蛋糕用奶油涂好并用红色和粉色可食用糖霜图装饰。用刀具切红色和粉色胶糖心形做更多装饰，用2#裱花嘴在心形周围裱白色皇家糖衣的小圆点。

多层褶皱饰边蛋糕

　　多层有褶皱围绕的蛋糕会增添浪漫感觉，褶皱是由50：50面糊制成，食用时可被切下，能保存较好的褶皱效果。两个简单的褶皱花增加了一抹亮色，超级珍珠粉撒到褶皱上使其看起来有闪光的效果。

毕业的猫头鹰

　　给传统的"聪明的猫头鹰"一种异想天开、现代的亮点。两个长方形蛋糕用奶油包覆，再用翻糖包上代表书。书四周用白色翻糖制作出纹理。书顶部、一边和底用翻糖包装。猫头鹰是手工制成，身子用粉色翻糖条纹装饰，切叶子做翅膀，相同尺寸的圆形做眼睛。毕业帽的底部是用一块黑色胶糖制作的圆形。干后在其上加一片四方形。流苏用黏土挤压器制作。毕业论文用薄的白色胶糖片卷起来制作而成。胶糖蝴蝶结和带子加在变硬的论文上。蛋糕底板用带着浅粉色植物图案的粉色翻糖制成。胶糖制成的花朵点缀在书上和蛋糕底盘上。

和平与爱

这款有趣的蛋糕用和平符号和花朵装饰，和平符号选择黑色糖衣用和平符号盘制作。花朵用活塞刀具制成明亮的各色胶糖时尚花朵，小女孩和宠物用胶糖手工制成。底座用黑色带植物纹理的翻糖包覆，与整个作品协调，字母最后用蛋糕切割机制作即可。

和平与爱纸杯蛋糕

在很棒的晚会上用复古感觉的纸杯蛋糕作为简餐招待客人是非常完美的。用双色裱花袋在蛋糕上部裱出奶油糖衣的漩涡，会令人眼前一亮。由糖衣制作的和平标志及翻糖花装饰放在纸杯蛋糕顶部。

自然界小动物

用这些小动物来模拟自然界。在纸杯蛋糕顶部裱一些奶油当作草，把手工做的昆虫和蘑菇放上面。皇家糖衣做的花朵可增加一抹亮色。

刷绣花

简单的形状和图案搭配活泼的蓝色、橘色和白色会令人印象深刻。蓝色翻糖带包在蛋糕周边，用一小条橘色花边装饰。用白色胶糖切出花形放在模板上，构成花簇，待变硬后，用蓝色皇家糖衣刷出花形。